UNTERSUCHUNGEN UND NEUERUNGEN AN VENTILKOMPRESSOREN

VON

PROF. J. C. BREINL
PŘIBRAM

MIT 57 ABBILDUNGEN IM TEXT

MÜNCHEN UND BERLIN 1922
DRUCK UND VERLAG VON R. OLDENBOURG

Dem Andenken
an meinen verehrten Kollegen und lieben Freund,
Ingenieur *F. W. Rogler*, Wien.

Vorwort.

Vorliegende Studie ist von der Absicht angeregt, meine Erfahrungen niederzulegen, die ich als Consulting Engineer der Ingersoll-Rand Company, New York, U. S. A., während der Einführung des bekannten Rogler-Hoerbiger-Ventils gesammelt habe, die aber zum größten Teile nach meinem, zu Beginn des Weltkrieges erfolgten Austritte aus den Diensten dieser Firma entstanden sind. Nach Wiedereintritt mit der Untersuchung der Betriebsfähigkeit und mit der baulichen Durchbildung des im Abschnitt VI beschriebenen B-R-H-Plattenventils betraut, ward mir Gelegenheit, die hier gefundenen Ergebnisse auf ihre Richtigkeit und Anwendungsmöglichkeit zu prüfen und hernach als einzige Grundlage für den baulichen Aufbau des Ventils im besonderen und des Kompressors im allgemeinen heranzuziehen.

Immerhin möchte ich diese Arbeit wegen der Einseitigkeit des hier behandelten Gegenstandes[1]) noch nicht als abgeschlossen betrachten; wenn ich trotzdem eine Veröffentlichung nicht scheue, so geschieht es mit dem Vorhaben, diese Untersuchungen als Behelf zu weiteren Versuchen auch anderen Kreisen vorzulegen und dieserart eine Klärung in den besonders für die Zukunft so wichtigen Zweige unserer Maschinenindustrie nach besten Kräften zu beschleunigen, da anzunehmen ist, daß die Preßluft in hohem Maße als Ersatz für viele im Kriege verlorenen Arbeitshände und zur Erhöhung der Leistungsfähigkeit des Arbeiters im allgemeinen wird dienen und sich daher eine stets zunehmende Bedeutung erringen wird müssen. Deshalb schon müßte jeder Aufschluß bringende Beitrag aus der Praxis und seitens der Wissenschaft im Interesse der Sache begrüßt werden.

Die amerikanischen Kompressoren haben bekanntlich als Folge der hohen Löhne und der damit verbundenen ausgiebigsten Verwendung der Preßluftwerkzeuge und der Preßluft im allgemeinen eine außerordentliche Verbreitung und auf Grund des so entstandenen Wettbewerbes vereinzelt eine hohe Vervollkommnung erfahren; ihren Vertrieb besorgt eine vorzügliche, über die

---

[1]) Bei der Abfassung mußte ich infolge der Kriegsverhältnisse die speziell auf diesem Gebiete vorhandene Literatur, ja selbst die betreffenden Handbücher entbehren.

ganze Welt ausgedehnte Verkaufsorganisation. Einem solchen Wettbewerbe können wir auf dem Weltmarkte nur unter voller Befolgung der kaufmännischen Grundregeln gewachsen sein, und unsere voraussichtlich günstigeren Herstellungsbedingungen versprechen vielen Erfolg dazu. Im Rahmen solcher Bestrebungen sei diese Studie ein bescheidener Beitrag.

Es sei mir noch gestattet, Herrn F. W. Parsons, Werksdirektor der Ingersoll-Rand Company in Painted Post, N. Y., für das mir entgegengebrachte Vertrauen, sowie den Ingenieuren dieser Firma, den Herren F. W. Zimmermann, G. G. Riddle und M. S. Parkhill für die tatkräftige Unterstützung bei den diesbezüglichen Versuchen auch an dieser Stelle meinen verbindlichsten Dank auszusprechen.

Painted Post, N. Y., August 1919.

DER VERFASSER.

Inhalts-Verzeichnis.

I.

Einleitung.

Die verdichtete Luft hat in unserer ganzen technischen Entwicklung eine große Rolle gespielt und ist heute mehr denn je in fast jedem industriellen Betriebe von hervorragender Bedeutung. Vor allem sind es die Berg- und Hüttenwerke, welche ihre heutige Entwicklungsstufe den nach dem Verdichtungsgrundsatze arbeitenden Maschinen verdanken; in der Verbrennungsmaschinenindustrie ermöglichten die Spül- und Ladepumpen und die Hochdruckkompressoren die Schaffung der Zweitakt- und der Dieselmotore; die gleiche Rolle spielte die verdichtete Luft bei den Kriegswaffen im allgemeinen und bei den Torpedos im besonderen; zu erwähnen sind hier ferner der Caissonbetrieb, Rohrpostanlagen, Druckluftlokomotiven u. a. m.[1]) Die größte Verbreitung hat aber der Kompressor in bezug auf seine Erzeugung in Massen erst als Lebenspender der Preßluftwerkzeuge gefunden, einesteils durch deren allerorts anzutreffende Anwendung, anderseits durch deren nicht unbedeutenden Luftverbrauch. Die Einführung dieser Werkzeuge begünstigte den Preßluftbetrieb für eine Anzahl weiterer Hilfsmaschinen, hierdurch den Luftbedarf nur noch steigernd.

Für die weitere Verbreitung der Kompressoren sind daher auf Grund der bisherigen Entwicklung die stets steigenden Aussichten der Preßluftwerkzeuge im allgemeinen maßgebend, da die Elektrizität nur auf dem Gebiete der Bohrwerkzeuge als ernster Mitbewerber auftritt und selbst hier infolge des größeren Eigengewichtes und der höheren Herstellungskosten im Nachteil bleibt[2]).

Ein Bild über die Bedeutung des Kompressorenbaues in der Maschinenindustrie erhält man durch die jährliche Erzeugungsziffer, welche in den Ver. Staaten Amerikas in normalen Zeiten auf rd. 1 Mill. PS und in Europa

---

[1]) Siehe diesbezüglich den Aufsatz von W. L. Saunders: Compressed air in the arts and industries; Int. Eng. Congress 1915, San Francisco, Cal.
[2]) Als Vorteil der elektrischen Bohrer muß allerdings der geringere Kraftverbrauch angeführt werden, ohne aber sonst einen Ausgleich schaffen zu können.

auf ungefähr ebensoviel, zusammen also auf rd. 2 Mill. PS geschätzt werden kann, von welchen annähernd ¾ dem Preßluftbetriebe dienen. Nimmt man die mittlere Lebensdauer nur mit 5 Jahren an, so errechnet sich der jährliche Brennstoffverbrauch bei vorkriegszeitlichen Preisen auf wenigstens 1 Milliarde M., d. h. eine Verbesserung des Gesamtwirkungsgrades um 1 v. H. hätte eine jährliche Ersparnis von rd. 10 Mill. M.[1]) in den Brennstoffauslagen allein zur Folge, während der diesbezügliche Einfluß auf die Verringerung der Anlagekosten von ähnlicher Bedeutung wäre.

Diese Zahlen allein berechtigen zum Vorteil des Erzeugers und des Verbrauchers zu einer eingehenden Untersuchung des gesamten Gebietes des Kompressorenbaues, um mit deren Hilfe diejenigen Mittel herauszufinden, welche allein Verbesserungen und Ersparnisse ermöglichen.

Was zunächst die Wahl der Höhe des Luftdruckes anbelangt, so sehen wir in der bisherigen Entwicklung der Kompressoren für die Versorgung der Preßluftwerkzeuge eine geringe Steigerung von 5 auf 6 und später auf 7 Atm.; es frägt sich daher, welches sind die Aussichten für eine weitere Erhöhung des Betriebsdruckes? Ein Blick auf ein Luftdiagramm zeigt, daß jede Drucksteigerung mit einer linearen Vergrößerung des Stangendruckes verbunden ist, ferner, daß die adiabatische Verdichtungsarbeit bezogen auf die isothermische, d. h. wieder verwertbare Arbeit, insbesonders bei der einstufigen Verdichtung mit steigendem Druck stärker anwächst, d. h. unwirtschaftlicher wird. Zur richtigen Beurteilung dieser Frage ist weiters der Umstand wichtig, daß die Preßluftwerkzeuge und die Drucklufthilfsmaschinen heute schätzungsweise zu 75 v. H. von einstufigen Kompressoren gespeist werden und daß in diesen die Verdichtungstemperatur die bereits praktisch zulässige Grenze erreicht hat, wenn man Rücksicht auf die Bildung von Ölkoks oder zumindest auf das Ausscheiden der schweren Bestandteile des Öles als betriebstörenden Rückstand bei 7 Atm. Überdruck insbesondere in heißen Gegenden nimmt. Aber auch die Preßluftwerkzeuge selbst sind heute allgemein für 7 Atm. Behälterdruck eingerichtet, so daß eine Druckerhöhung einen Umbau und eine vergrößerte Gefahr der an und für sich unangenehmen Eisbildung bedeuten würde.

Betreffs der Drehzahl ist bezüglich einer weiteren Erhöhung zu bemerken, daß der freie Hubspalt des Ventils die Ansaugemenge des Zylinders unmittelbar bestimmt und damit begrenzt. Die Herstellungskosten hängen in erster Linie von der Größe des freien Ventilhubquerschnittes, d. h. von der Größe und der Anzahl der Ventile und von dem Ausmaß der Zylinderfläche für ihre Unterbringung ab, während die Drehzahl für sich und deren Einfluß auf eine Gewichtsersparnis — wenn auch von hervorragender Wichtigkeit — zumeist erst in zweiter Linie in Betracht kommt. Dabei ist weiters zu beachten, daß hohe Drehzahlen einen geringeren Ventilhub und in diesem

---

[1]) Diese Ziffer ist im Verhältnis der jetzigen Kohlenverteuerung entsprechend zu erhöhen.

Maße eine größere Ventilfläche bedingen. Trotz dieser Einwendungen ist es der stets zunehmende elektrische Antrieb, welcher wegen Verbilligung des verhältnismäßig teueren Antriebmotors eine Drehzahlerhöhung bis zur zulässigen Grenze gebieterisch fordert. Desgleichen verlangt die immer mehr begehrte, von einem Elektro- oder Verbrennungsmotor angetriebene, tragbar angeordnete Druckluftanlage äußerste Drehzahlsteigerung mit Hinweis auf

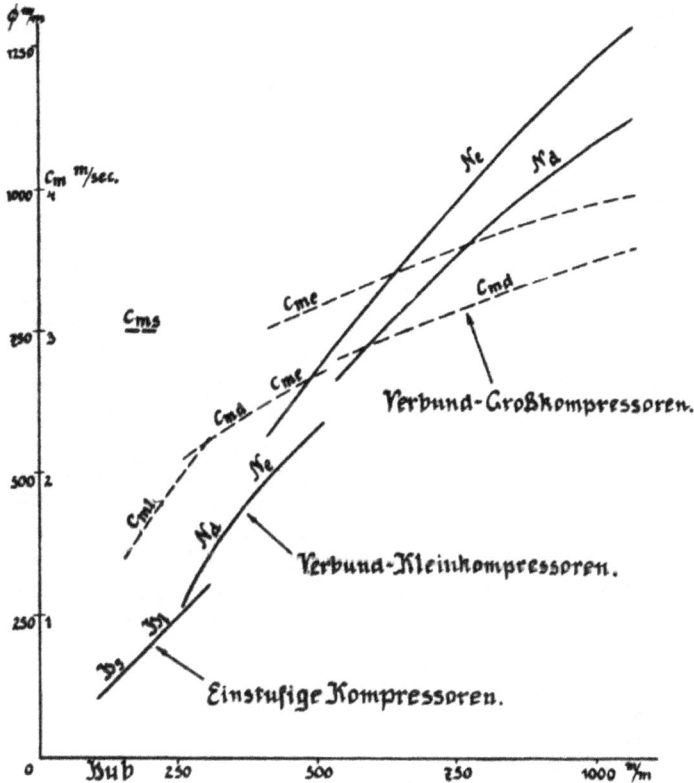

Abb. 1.

die hier in erster Linie maßgebende Gewichtsverringerung, welche Forderung nur durch Erhöhung des Hubspaltquerschnittes einer gegebenen Ventilgröße bis aufs höchst mögliche Ausmaß zufriedenstellend erfüllt werden kann.

Abb. 1 zeigt die HD.-Zylinderdurchmesser der einstufigen Kompressoren, bezeichnet mit Hl für die liegende, doppeltwirkende Bauart, und mit Hs für die stehende Bauart in der einfachwirkenden Zwillingsanordnung nach Abb. 45, und die ND.-Zylinderdurchmesser der zweistufigen Kompressoren in liegender Bauart allein nach Abb. 44, bezeichnet mit Nd für Dampf- und mit Ne für Elektroantrieb, ferner die dazugehörige mittlere Kolben-

geschwindigkeit c_m, in Abhängigkeit vom Hub, wie sie von einer nordameri-
kanischen Maschinenfabrik für einen Luftüberdruck von 7 Atm. bei freier
Ansaugung von 1 Atm. abs. entworfen wurden. Bei einer Änderung des
Betriebs- bzw. Ansaugedruckes werden die Zylinderdurchmesser jeweils so
geändert, daß der Arbeitsverbrauch wegen voller Ausnutzung der gegebenen
Gestängeabmessungen annähernd der gleiche bleibt. Bei den Verbundgroßkompressoren werden die Luftzylinder an die Deckel der Dampfzylinder
angehängt und diese je nach Betriebsdruck in Zwillings- oder Verbundanord-
nung ausgeführt, wobei die Gestängeteile für Dampf- und Elektroantrieb
jeweils die gleichen bleiben. Die gleiche grundsätzliche Anordnung wird auch
für die einstufigen Kompressoren gewählt, während bei den Verbundklein-
kompressoren die Dampf- und Luftzylinder an einem gemeinschaftlichen
Fundamentrahmen zu beiden Seiten der Kurbelwelle befestigt sind und ihren
Antrieb paarweise mittels einer exzentrisch angeordneten Bleuel- und einer
an dem Kreuzkopf zentrisch befestigten Verbindungsstange erhalten[1]).

Die hohe Wettbewerbsfähigkeit dieser einstufigen Verbundklein- und
Verbundgroßkompressoren im Vertriebe wird dadurch erreicht, daß sie sich
vorzugsweise in örtlich getrennten Werkstätten auf eine allen Anforderungen
entsprechende bauliche Durchbildung und auf eine hochentwickelte Spezia-
lisierung in den Arbeitsmethoden stützt, welche den Einfluß der hohen Löhne
zum großen Teile ausschalten, welche auf diesem Wege höchste Genauigkeit
und damit die gewünschte Austauschbarkeit in der Herstellung erzielen, ferner
eine weitgehende Unabhängigkeit von der Geschicklichkeit des Arbeiters,
ebenso eine kurzfristige Lieferzeit gewährleisten und in der weiteren Folge
den naturgemäß hohen Regiekosten die Bedeutung in der Preisgestaltung
nehmen. Nur dadurch ist es erklärlich, daß die Ver. Staaten Amerikas auf
dem Kontinente und überseeisch erfolgreich in Wettbewerb treten können,
wenn auch mitunter der einzige Vorteil in der sofortigen Lieferung ab Lager
besteht.

---

[1]) In Deutschland werden die kleineren Einheiten wohl der Wirtschaftlichkeit
halber meistenteils in der mit zweistufiger Verdichtung arbeitenden sog. Einzylinder-
stufenanordnung ausgeführt.

II.

Untersuchung des Kompressors.

Zur Beurteilung der Wirkungsweise und der Wirtschaftlichkeit eines Kompressors ist die Untersuchung mittels Indikators allein ungenügend, weil darin das Maß der nicht zu umgehenden Erwärmung der Ansaugungsluft, des weiteren die allfällig vorhandene Durchlässigkeit der Ventile und der Kolben nicht zum Ausdrucke kommt. Diese beiden Verluste, welche je nach Bauart und Ausführung sehr verschieden sind, können nur an Hand einer Mengenbestimmung der tatsächlichen Lieferung ermittelt werden, und es sei hier die diesbezügliche Forderung bekräftigt und durch Versuchsbeispiele als unerläßlich notwendig nachgewiesen; wie dies in den vom V. d. I. vorgeschlagenen »Regeln für die Leistungsversuche von Kompressoren« seinerzeit ausgesprochen worden ist.

Bei der Aufstellung der gesamten Verluste müssen wir von der Arbeit ausgehen, welche dem Kompressor oder der Kompressoranlage für die Verdichtung von außen zugeführt wird und diese in letzter Linie in Beziehung bringen zu der isothermischen Verdichtungsarbeit der tatsächlich gelieferten Druckluft. Von der für den Antrieb verbrauchten Arbeit L_{eff} wird nur der Anteil

$$L_{ind} = L_{eff} \cdot y_{mech}$$

verwendet, worin y_{mech} den mechanischen Wirkungsgrad und L_{ind} die durch Indizierung[1]) des Luftzylinders erhaltene Arbeit vorstellt. Von der Arbeit L_{ind} verschwindet der Anteil $(1 - y_{strom})$ als Strömungsverlust infolge der gesamten Widerstände der Luft beim Durchgang durch den Kompressor, so daß:

$$L_{ind} \cdot y_{strom} = L_{ad}$$

die adiabatische Arbeit der im Diagramm ersichtlichen Luftmenge bei vollkommener Zwischenkühlung (im Falle mehrstufiger Verdichtung) und y_{strom} den Strömungswirkungsgrad der notwendigen Verdichtungsarbeit darstellt. In den zur Verfügung stehenden Tabellen[2]) ist die adiabatische Verdichtungsarbeit in mkg je cbm Luft angegeben, welche dem Größenwerte nach dem mittleren Druck des adiabatischen Diagrammes bei voller Hubansaugung gleichgesetzt werden kann, sofern dieser Druck in mm WS angeschrieben wird. Um daher besagte L_{ad} aus diesen Tabellen zu erhalten, sind deren Werte mit dem volumetrischen Wirkungsgrade y_{vi}, aus dem Indikatordiagramme ermittelt, zu multiplizieren.

---

[1]) Das Indizieren von Kompressoren mit den plötzlichen Druckänderungen während und nach dem Öffnen der Ventile verursacht bei Indikatoren mit schwerem Gestänge Massenschwingungen, welche im Diagramm leicht zu Trugschlüssen veranlassen. Indikatoren mit innenliegenden Federn und nicht zu großem Federmaßstab sind hier entschieden vorzuziehen.

[2]) Die thermodynamischen Rechnungswerte all dieser Berechnungen sind dem Werke: Thermodynamische Grundlagen der Kolben- und Turbokompressoren von A. Hinz, Verlag Springer, entliehen.

Bezüglich des Verlaufes der Verdichtungslinie selbst sei bemerkt, daß die Wandung im Inneren des Zylinders, ob gekühlt oder nicht, gegenüber der kühlen Eintritts- und heißen Austrittsluft eine mittlere Temperatur annimmt, welche bedingt, daß die Wandung im ersten Teil der Verdichtung Wärme abgibt, im zweiten Teil, und zwar im Beharrungszustande ebensoviel Wärme aufnimmt, d. h. daß der Exponent der Verdichtungskurve im Verhältnis zur Adiabate anfangs vergrößert und dann verkleinert wird, jedoch mit so geringer Abweichung, daß diese praktisch genommen vernachlässigt werden kann, um so mehr als bei neuzeitigen Ausführungen stets hohe Drehzahlen in Betracht kommen. Wenn auch die Innenkühlung daher auf eine Arbeitsverringerung keinen oder keinen wesentlichen Einfluß ausübt, so ist sie dennoch, insbesonders bei höheren Druckverhältnissen wegen der Betriebssicherheit des Kolbens und der möglichsten Verhütung der Ölkoksbildung erforderlich bzw. zu empfehlen.

Bei Ermittlung von y_{vi} aus dem Indikatordiagramm als Verhältnis des Abschnittes der atmosphärischen Linie zwischen der Expansion und Kompression zur Diagrammlänge ist zu beachten, daß der ND.-Zylinder wegen der Durchgangswiderstände des Einlaßventils normal nicht vollsaugen kann, d. h. daß die Ansaugemenge wegen Überwindung des Ventilfederdruckes und der Einlaßwiderstände tatsächlich kleiner ist, als das Diagramm bei gewöhnlichem Federmaßstab mit dem freien Auge sichtbar anzeigt. Wohl kommt es anderseits bei ungenügender, ebenso nicht genügend reichlicher Bemessung der Saugleitung vor, daß auftretende Schwingungen der Luftsäule den Saugdruck am Hubende über die Atmosphäre heben und ein y_{vi} mitunter sogar größer als 100 v. H. hervorrufen. Zur einwandfreien Ermittlung empfiehlt es sich daher, eine diesbezügliche Indizierung mit schwacher Feder und zur Verhütung von Schwingungen mit nach oben wesentlich begrenztem Kolbenhub vorzunehmen. In allen Fällen haftet der Bestimmung dieses Wirkungsgrades, so wichtig für die späteren Ausmittlungen, verhältnismäßig die weitaus größte Ungenauigkeit an.

Die im Diagramm ersichtliche, durch y_{vi} dargestellte Ansaugung wird in bezug auf die tatsächliche Lieferung zunächst durch die Undichtigkeit der Auslaßorgane während des Einströmens und dann durch die Erwärmung der Ansaugeluft während des Durchströmens verringert. Und zwar bedeutet bei einer Ansaugetemperatur von 15° C auf Grund des Zusammenhanges: $\dfrac{v}{v_1} = \dfrac{T}{T_1}$ eine Eintrittstemperaturerhöhung von rd. 2,9° C, eine Verringerung der Ansaugemenge um 1 v. H., ohne den Arbeitsverbrauch hierdurch irgendwie zu ändern. Des weiteren wird die während der Verdichtung zufolge Durchlässigkeit der Einlaßventile verlorene Ansaugeluft durch die Durchlässigkeit der Auslaßventile im Diagramm ganz oder teilweise ersetzt, indem anzunehmen ist, daß bei gleichem Grad sorgfältiger Ausführung die Undichtigkeit aller Ventile angenähert die gleiche ist; in allen Fällen fehlt aber diese Luftmenge in der tatsächlichen Lieferung. Eine Ungleichheit der Undichtigkeiten, z. B. im ND. und HD., ist gleichbedeutend mit einer Verschiebung des Volumverhältnisses und somit im Zusammenhange mit einer Veränderung des Kühlerdruckes. Größere Durchlässigkeit, d. h. geringere Lieferung im ND. erzeugt ein Sinken und größere Durchlässigkeit im HD., gleichbedeutend mit einem vermehrten Arbeitsverbrauche, ein Steigen des Kühlerdruckes. Nebenbei sei hier noch bemerkt, daß die in der Regel nicht bis auf die Ansaugetemperatur zurückgeführte Zwischenkühlung einem vermehrten Arbeitsbedarfe für den HD. gleichkommt und ebenfalls ein Steigen des Kühlerdruckes im Ausmaß der Unvollkommenheit dieser Rückkühlung zur Folge hat. In gleicher Weise hat eine Verschiedenheit der Größe der schädlichen Räume der beiden Zylinder mit Bezug auf die Rückexpansion einen gleichartigen Einfluß auf den Kühlerdruck. Bei einem Luftverlust nach außen z. B. durch die Undichtigkeit einer Packung sinkt der Druck im vorgeschalteten Zwischenkühler, und die Menge ist ebenfalls aus dem Größenmaß dieses Druckverlustes annähernd berechenbar. Dieser Zusammenhang von Durchlässigkeit und Druckanzeigung ist ein bequemes Mittel, um bei Unregelmäßigkeiten im Betriebe aus dem Verhalten des Behälterdruckes auf den Ort der Undichtigkeit schließen zu können.

Die beiden Verluste der Erwärmung und Durchlässigkeit können ungetrennt am einfachsten durch eine Mengenmessung der verdichteten Luft, am besten mittels Ausströmdüse bestimmt werden, und es bedeutet der auf diesem Wege gefundene Wert y_{liefer} multipliziert mit y_{vi}, d. h.

$$y_{liefer} \cdot y_{vi} = y_{vd}$$

das ND.-Hubvolumen in v. H., welches tatsächlich geliefert wird. Es bezeichnet somit y_{vd} den volumetrischen Wirkungsgrad, bestimmt vermittelst Düse, während y_{liefer} das Ausmaß oder den Wirkungsgrad der wirklichen Lieferung bezogen auf y_{vi} anzeigt, wobei der Fehlbetrag $(1 - y_{liefer})$ durch die Erwärmung der Ansaugung und durch den Luftverlust nach außen, wie bereits geschildert, gebildet wird. Die Einführung des Wirkungsgrades y_{liefer} setzt voraus, daß der damit ermittelte Lieferungsverlust im ND. gleich demjenigen der nachfolgenden Zylinder wird, d. h. daß die Wärme- und Durchlässigkeitsverluste in allen Stufen von gleicher Größe werden. Praktisch genommen ist bei Anwendung der gleichen Bauart der Unterschied außerordentlich gering, da erstens die Durchlässigkeit bei einer stets anzustrebenden einwandfreien Durchbildung und Ausführung zu vernachlässigen ist, und zweitens die Erwärmungsverluste als der in der Regel ausschlaggebende Anteil bei gleicher Ventilkonstruktion nur unwesentlich verschieden sein können. Eine Scheidung der angegebenen Bestandteile dieses Wirkungsgrades y_{liefer} soll bei Untersuchung der Ventilverluste später unternommen werden.

Demnach ist die adiabatische Arbeit der tatsächlich gelieferten Luftmenge:

$$L_{ad} = L_{ad} \cdot y_{liefer} = L_{eff} \cdot y_{mech} \cdot y_{strom} \cdot y_{liefer}.$$

Wird mit Bezugnahme auf die Hinztabelle der mittlere Druck des isothermischen Diagrammes bei voller Hubansaugung mit $p_{m\,is}$, ebenso der Druck des adiabatischen Diagrammes bei gleicher Ansaugelänge mit $p_{m\,ad}$ bezeichnet, so kann die isothermische Arbeit der tatsächlich gelieferten Luftmenge:

$$L_{is} = L_{ad} \cdot y_{liefer} \cdot \frac{p_{m\,is}}{p_{m\,ad}}$$

gesetzt werden, und es wird anschließend an das Vorstehende:

$$L_{is} = L_{eff} \cdot y_{mech} \cdot y_{strom} \cdot y_{liefer} \cdot \frac{p_{m\,is}}{p_{m\,ad}} = L_{eff} \cdot y_{ges},$$

worin y_{ges} den Gesamtwirkungsgrad als das Verhältnis der isothermischen Verdichtungsarbeit der tatsächlichen Lieferung zur Bremsleistung darstellt und je nach Antrieb auf den Kompressorzylinder allein oder auf die ganze als Kompressoranlage bezeichnete Maschine sich bezieht, daher bei Angabe wegen dieser Verschiedenheit näher zu umschreiben ist. Im praktischen Gebrauche wird eben wegen dieser Verschiedenheit der mechanischen Verluste L_{is} gewöhnlich in Beziehung zu L_{ind} gebracht und bezeichnet in der Gleichung:

$$L_{is} = L_{ind} \cdot y_{strom} \cdot y_{liefer} \cdot \frac{p_{m\,is}}{p_{m\,ad}} = L_{ind} \cdot y_{is},$$

y_{is} den Wirkungsgrad der indizierten Luftleistung bezogen auf den isothermischen Kraftverbrauch der tatsächlichen Lieferung.

Die Luftmenge, gemessen nach der Verdichtung, muß auf den jeweiligen Zustand vor dem Ansaugen umgerechnet werden und hierbei ist zu berücksichtigen, daß insbesonders bei höheren Ansaugetemperaturen und höheren Drücken ein Teil der Luftfeuchtigkeit, welche in der ersten Stufe als arbeitsverzehrendes Volumen vorhanden war, im Zwischenkühler niedergeschlagen wird und in den nächsten Stufen verschwindet. Die Luftmenge muß daher, um in der Gütegradbestimmung den Wechsel der Luftfeuchtigkeit auszuschalten, der im Kühler niedergeschlagenen Wassermenge entsprechend vergrößert werden; diese Vermehrung bedingt aber, daß der dem niedergeschlagenen Volumen in den nächsten Stufen entsprechende Arbeitsverbrauch dem Werte L_{ind} zugerechnet wird, um den Arbeitsbedarf der so vergrößerten Ansaugung in diesen Zylindern richtigzustellen, wie dies in der Abb. 2 für den Verbundkompressor veranschaulicht ist.

Eine weitere Richtigstellung erfordert eine allfällig unvollständige, d. h. nicht ganz bis zur Ansaugetemperatur des ND. geführte Rückkühlung im Zwischenkühler, in welchem Falle der Arbeitsverbrauch des nächsten Zylinders bei einer um je $2{,}9^0$ C über die Ansaugetemperatur erhöhten Rückkühlung wie vorhin um je I v. H. vergrößert erscheint und daher bei Einhaltung der dem Versuche in bezug auf vollkommene Zwischenkühlung zugrunde gelegten Bedingung um diesen Betrag folgerichtig verringert werden muß. Die hiermit angegebene Auswertung der Richtigstellung ist allerdings nicht ganz korrekt, weil bei einer Verschiebung der Rückkühltemperatur der Kühlerdruck sich ebenfalls ändert. Der Unterschied des Fehlbetrages ist aber so gering, daß der Rechenschieber eine Verschiedenheit zwischen der obigen abgekürzten und der richtigen Berechnung kaum anzeigt. Bei verhältnismäßig kaltem Kühlwasser kommt wohl auch eine Unterkühlung vor, in welchem Falle die Richtigstellung im entgegengesetzten Sinne vorzunehmen wäre.

Zur Veranschaulichung der Anwendung dieser Untersuchungsmethode seien hier einige Versuche ausführlicher behandelt:

1. Untersuchung eines Verbundkompressors: $17 + 10\frac{1}{2} \times 14''$ (engl. Zoll) angetrieben von einer Verbunddampfmaschine, zuerst mit je einem und dann mit je zwei Ventilen in einem Satze. Die Versuchswerte des Einventilversuches für die verschiedenen Drehzahlen sind in Tabelle I zusammen-

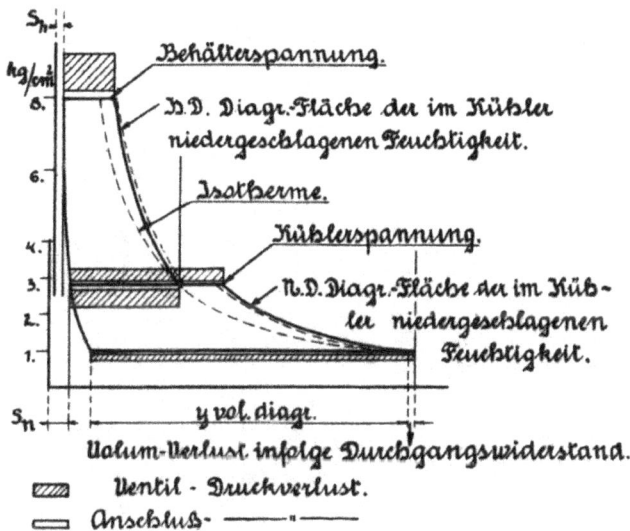

Abb. 2.

gestellt und die Schaulinien beider Versuche in Abb. 3 für den Einventil- und in Abb. 4 für den Zweiventilversuch veranschaulicht. In der Tabelle als Auszug aus den notwendigen Versuchsdaten bedeuten die Rubriken:

n die mittlere minutliche Drehzahl einer Versuchsdauer von durchschnittlich 10 min, gemessen mit Hubzähler;

V die Kolbenverdrängung des ND.-Zylinders in cbm je Min, ansonst verhältnisgleich der Drehzahl;

P_b, P_k, P_d der Barometer-, Kühler- und Enddruck, letzterer auf unveränderliche Höhe eingestellt;

T_{na}, T_{na}, T_{ha}, T_{ha} die ND.- bzw. HD.-Einlaß- und -Auslaßtemperaturen. Diese gemessen mit einem in den Luftweg eingelassenen Rohrstück zeigen meistens wegen des Einflusses der Abkühlung der Umgebung zu geringe Temperaturen an.

V_l minutl. Volumen der tatsächlich verdichteten Luft, gemessen mittels Düse und bezogen auf Druck und Temperatur der Ansaugung. Die Druckluft wird aus dem Behälter des Kompressors vermittelst eines fein einstellbaren Regelventils in einen genügend großen Ausströmkessel geleitet, welcher in diesem Falle eine wechselnde Anzahl Meßdüsen von $1,2''$ (engl. Zoll)

Tabelle 1.[1])

Versuch		1	2	3	4	5	6	7	8
n	je Min.	62,6	77,8	97,1	116,1	126,4	145,9	163,6	180,1
V_n	cbm je Min.	6,49	8,07	10,07	12,04	13,11	15,13	16,97	18,67
P_b	mm Hg	748	748	748	746	746	746	746	746
P_k	kg je qcm	1,992	1,985	1,935	1,873	1,873	1,858	1,880	1,880
P_d	»	7,04	7,04	7,04	7,04	7,04	7,04	7,04	7,04
T_{ne}	°C	12,2	12,1	12,6	12,3	12,9	13,2	13,0	13,7
T_{na}	»	82,0	85,5	90,0	96,6	99,5	104,5	106,2	106,2
T_{ke}	»	18,4	18,7	20,6	21,5	22,6	23,5	24,0	23,9
T_{ka}	»	80,3	84,3	88,7	94,5	97,2	102,2	103,5	103,0
V_l	cbm je Min.	5,65	7,13	8,83	10,63	11,52	13,35	14,89	16,38
y_{vl}	v. H.	93,4	93,4	93,4	93,6	93,3	92,8	92,9	93,0
y_{vd}	»	87,1	88,3	87,8	88,3	88,0	88,3	87,9	87,8
y_{liefer}	»	93,2	94,5	94,0	94,4	94,3	95,1	94,7	94,4
$p_{m\lambda}$	kg je qcm	3,090	3,095	3,137	3,150	3,165	3,240	3,298	3,362
$p_{m\lambda n}$	»	1,168	1,170	1,187	1,191	1,197	1,226	1,247	1,272
$p_{m\lambda n\ cor.}$	»	1,154	1,155	1,160	1,154	1,157	1,183	1,202	1,233
p_{mn}	»	1,241	1,240	1,253	1,285	1,304	1,321	1,352	1,387
$p_{m\ ges}$	»	2,395	2,395	2,413	2,439	2,461	2,504	2,554	2,620
$p_{m\ ad}$	»	2,463	2,463	2,462	2,461	2,460	2,463	2,462	2,462
$p_{m\ is}$	»	2,104	2,104	2,103	2,102	2,101	2,100	2,101	2,101
y_{strom}	v. H.	96,0	96,0	95,3	94,4	93,2	91,2	89,5	87,3
y_{is}	»	76,5	77,5	76,5	76,1	75,1	74,0	72,3	70,4

Durchmesser enthalten hat. Entsprechend der im Zwischenkühler niedergeschlagenen Luftfeuchtigkeit ist dies Volumen auf $V_{l cor}$ zu vergrößern, und zwar am besten rechnerisch aus der Feuchtigkeit der Ansaugung und dem Luftzustand im Zwischenkühler, Sättigung vorausgesetzt. Im vorliegenden Falle war die Richtigstellung vernachlässigbar.

y_{vi} volumetrischer Wirkungsgrad des gewöhnlichen Indikatordiagramms, richtiggestellt durch eine Indizierung mit schwacher Feder und begrenztem Kolbenhub;

y_{vd} volumetrischer Düsenwirkungsgrad ermittelt aus:

$$y_{vd} = V_{l\ cor} : V_n;$$
$$y_{liefer} = y_{vd} : y_{vi} \quad \ldots \ldots \ldots \ldots \quad 1)$$

---

[1]) Diese Werte sind aus der Original-Tabelle, zusammengestellt im englischen Maßsystem, abgeleitet; kleine Unstimmigkeiten mögen der mit Fehlern behafteten Umrechnung mittels Rechenschieber zugeschrieben werden.

Der Fehlbetrag $(1-y_{\text{liefer}})$ wird durch die Erwärmung der Ansaugemenge und bei ansonst dichtem Kompressor durch die ND.-Einlaß- und -Auslaß- ventildurchlässigkeit gebildet, welche letztere natürlich je nach dem jeweiligen Zustand der Sitzkanten einen wechselnden Größenwert annimmt.

$p_{m\lambda}$ mittleren Diagrammdruck des HD.-Zylinders als Mittelwert der Kurbel- und Deckelseite, welcher als:

$p_{m\lambda n}$ bezogen auf den ND. und als:

$p_{m\lambda n cor}$ auf vollkommene Zwischenkühlung richtiggestellt erscheint und zusammen mit dem mittleren Diagrammdruck:

p_{mn} des ND.-Zylinders, den mittleren Gesamtdruck:

p_{mges} ergibt, sämtliche in kg je qcm².

Hieraus ist die indizierte Leistung des Kompressors in PS erhältlich aus der Formel:
$$L_{\text{ind}} = 2{,}22 \cdot V_n \cdot p_{m\,ges} \quad . \quad . \quad . \quad . \quad . \quad 2)$$

Des weiteren bezeichnet:

$p_{m\,ad}$ und $p_{m\,is}$ den mittleren Diagrammdruck der adiabatischen bzw. der isothermischen Verdichtung, bezogen auf den jeweiligen Anfangs- und Enddruck der Verdichtung und auf den ND.-Zylinder für $y_{vi} = 1$ und welcher als mm WS der in den Hinztabellen für die jeweilige Verdichtung angegebenen Arbeit in mkg je cbm numerisch gleichgesetzt werden kann. Beide Drücke sind in die Tabelle mit kg je qcm² eingetragen.

Aus dem Verhältnis $(L_{ad} = L_{ind} \cdot y_{strom})$ zu L_{ind} ist die Beziehung:
$$y_{strom} = \frac{p_{m\,ad} \cdot y_{vi}}{p_{m\,ges}} \quad . \quad . \quad . \quad . \quad . \quad 3)$$

abzuleiten, welche in dieser Form den Wirkungsgrad der indizierten Leistung, bezogen auf die adiabatische Verdichtung der Diagrammlieferung darstellt; während:
$$y_{is} = y_{strom} \cdot y_{liefer} \cdot \frac{p_{m\,is}}{p_{m\,ad}} = \frac{p_{m\,is} \cdot y_{vd}}{p_{m\,ges}} \quad . \quad . \quad . \quad . \quad 4)$$

den Wirkungsgrad der indizierten Leistung, bezogen auf die isothermische Verdichtung der tatsächlichen Lieferung veranschaulicht.

Folgerichtig wird: $\quad y_{ges} = y_{is} \cdot y_{mech.}$

Außer den unvermeidlichen Ablesungsfehlern können die Unstimmigkeiten der verschiedenen Ergebnisse auf folgende Ursachen zurückgeführt werden:

1. Ungenaue Ermittlung von y_{vi};

2. wechselnde Durchlässigkeit der Ventile, dadurch hervorgerufen, daß die Verunreinigungen, welche, zwischen Platte und Sitz gelangend, die Undichtigkeiten verursachen, als solche im Betriebe sich verändern können;

3. ungenaue Ermittlung von $p_{m\,ges}$ aus dem Indikatordiagramm.

Aus diesem Grunde wurde in den Abb. 3 und 4 vielmehr der Weg eingeschlagen, den gesetzmäßigen Verlauf der Schaulinien, wie nachstehend angedeutet, als richtig anzunehmen und die einzelnen Versuchspunkte um diese entsprechend zu gruppieren. Und zwar scheint:

y_{vi} einen parabolischen Verlauf anzunehmen, dessen Scheitel wegen der

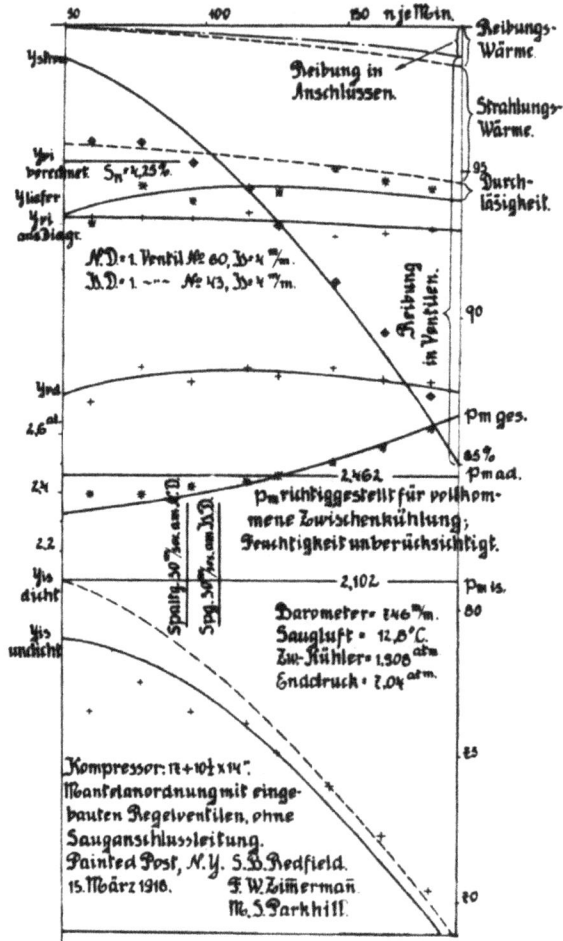

Abb. 3.

erwähnten Einlaßventilverluste stets um 1 bis 2 v. H. unterhalb des aus dem Kühlerdruck und schädlichem Raum errechenbaren Wertes liegt.

y_{liefer}, welcher sich aus Reibungs- und Strahlungserwärmung, ebenso aus Durchlässigkeit zusammensetzt, alle drei mit einem gesetzmäßigen Verlaufe, wird am besten mit der am genauesten ermittelbaren:

y_{vd}-Linie zusammen aufgezeichnet. Unstimmigkeiten hier sind nur durch die fehlerhafte Ermittlung von y_{vi} und durch die im Betriebe wechselnde Durchlässigkeit selbst hervorgerufen.

$p_{m\,ges}$ scheint ebenfalls einen parabelähnlichen Verlauf mit der Linie $(p_{m\,is} \cdot y_{vi})$ als Scheiteltangente anzunehmen, während:

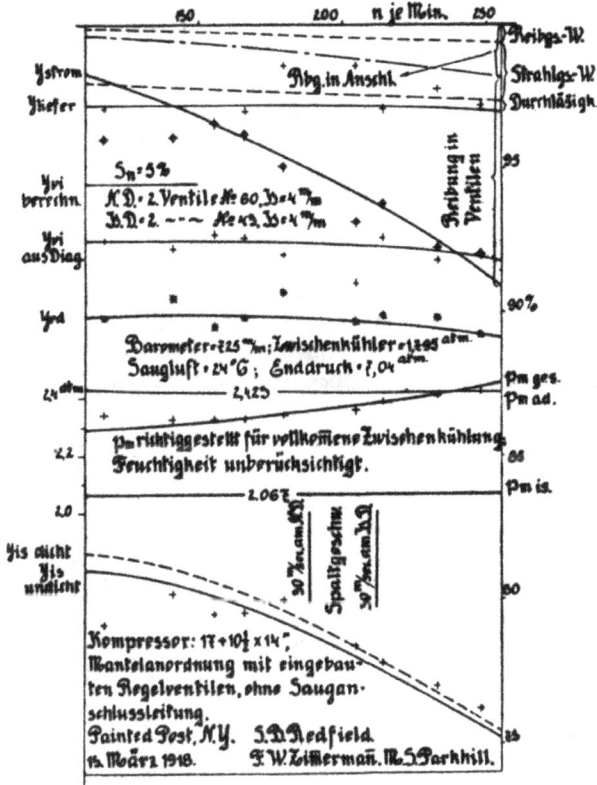

Abb. 4.

$p_{m\,is}$ und $p_{m\,ad}$ bei gleichbleibendem Anfangs- und Enddruck gerade Linien darstellen.

y_{strom} hat, die Strömungsverluste darstellend, einen quadratischen Verlauf und Unstimmigkeiten müssen auf ungenaue $p_{m\,ges}$- und y_{vi}-Werte zurückgeführt werden.

y_{is} besitzt auch einen parabelähnlichen Verlauf mit der Linie $\left(\dfrac{p_{m\,is}}{p_{m\,ad}} \cdot y_{liefer} \right)$ als Scheiteltangente.

$y_{is-dicht}$ bedeutet die gleiche Schaulinie, jedoch ohne Durchlässigkeitsverluste als Höchstmaß der Wirtschaftlichkeit des betreffenden Kompressors für die jeweils vorliegenden Betriebsverhältnisse.

2*

Die verlustlose Maschine mit y_{strom} und y_{liefer} gleich 1,0 würde ein $y_{is} = \dfrac{p_{m\ is}}{p_{m\ ad}}$ ergeben, welcher als Grenzwert der Wirtschaftlichkeit anzusehen und in der Praxis natürlich unerreichbar ist, schon wegen der begrenzten Zylinderfläche, verfügbar für die Unterbringung der Ventile. Es bleibt daher nur übrig, die beiden diesbezüglichen Verluste durch die Anwendung einer zweckentsprechenden Konstruktion weitestgehend zu verringern und dann die Wirtschaftlichkeit des Kraftverbrauches durch die Wahl der günstigsten oder sog. kommerziellen Hubspaltgeschwindigkeit (als des verantwortlichen Urhebers der beiden Verluste) mit den Herstellungskosten in Übereinstimmung zu bringen. Nehmen wir hier eine kommerzielle Geschwindigkeit $w_m = 30$ bis $37{,}5$ m/sec an, so ist in Abb. 4, wie leicht nachweisbar, 88,5 bis 91,5 v. H. der idealen Wirtschaftlichkeit verwertet worden.

In den Abb. 3 und 4 sind die einzelnen Verluste, in ihre Bestandteile zerlegt, als Funktion der Drehzahl oder richtiger gesagt der Hubspaltgeschwindigkeit aufgezeichnet. Eine Verbesserung kann nur durch Verkleinerung der Strahlungs- und Reibungserwärmung, hauptsächlich aber durch Verringern der Durchgangswiderstände des Ventils erzielt werden, wie dies später zusammen mit der gegenseitigen Übereinstimmung dieser beiden Versuchsreihen gezeigt werden soll.

Um das gegenseitige Größenverhältnis der einzelnen Verluste besser zu beleuchten, können die einzelnen Verlustbestandteile in nachstehender Reihenfolge aufgetragen werden: 1. Verlust der adiabatischen zweistufigen Verdichtung, 2. der Erwärmung durch Strahlung, 3. der Erwärmung durch Reibung am Einlaß, 4. der Strömungswiderstände in all den Anschlüssen, 5. der Strömungswiderstände in den Ventilen, 6. infolge Durchlässigkeit. Die Summe dieser Verluste ergibt ebenfalls y_{is}. Daraus ist ohne weiteres zahlenmäßig ersichtlich, welche Vorteile durch besseres Abdichten der Sitzkanten, ferner durch Verringerung der Erwärmung und des Durchgangswiderstandes erzielbar wären.

Bei Kompressoren mit unveränderlicher Drehzahl sollten, sofern eine anderweitige Kontrolle fehlt, mehrere Einzelversuche, am besten unter geänderten Betriebsbedingungen, abgenommen werden.

2. Versuch, vorgenommen an einem Vierstufen-Hochdruckkompressor von 16" (engl. Zoll) Hub, angetrieben von einem Gleichstromelektromotor mittels Leitrollenriemens. Alle Zylinder waren einfachwirkend und paarweise mit je einer Kurbel verbunden; mit Corlißschieber für den Einlaß der ersten und zweiten Stufe, ansonst mit selbsttätigen Tellerventilen.

Alle Angaben sind Mittelwerte von vier Versuchen:

Stufe:	Zyl.-Durchm.	Vol.-Verhältuis:	Enddruck:	Druckverhältnis:
I	17" engl.	—	3,163 Atm.	4,12
II	8¾" »	3,77	16,17 »	4,11
III	4³/₈" »	4,0	68,9 »	4,08
IV	2¼" »	3,78	246,2 »	3,54

Kühlwassereintrittstemperatur $= 11^0$, Kühlwasseraustrittstemperatur $= 25^0$ C.

Die tatsächlich gelieferte Luftmenge war folgendermaßen gemessen worden: Da die Befürchtung bestand, daß ein Ausdehnen von so hohem Drucke herab Eisbildung und demzufolge eine Ungenauigkeit in der rechnerischen Ermittlung verursacht, wurde eine Stahlflasche in Verbindung mit dem Nachkühler als Luftbehälter benutzt und die in diesem auf gleichem Druck gehaltene Luft in eine Batterie von 25 Flaschen geleitet. Bei 1,011 Atm. abs. Eintrittsdruck und 16^0 C Eintrittstemperatur wurde die Anzahl der Umdrehungen für das Auffüllen der Batterie mit 3342 in 29,66 min ermittelt, wobei die Druckluft am Ende der Füllperiode in den Flaschen eine Temperatur von 29,5^0 C aufwies. Der Rauminhalt der Batterie wurde durch Abwiegen des Wasserinhaltes unter Volldruck zu 0,722 cbm ermittelt. Damit ist die Luftlieferung bezogen auf den Ansaugezustand und ohne Berücksichtigung der Niederschlagsverluste:

$$V_1 = 0{,}722 \cdot \frac{247{,}2}{1{,}011} \cdot \frac{289}{302{,}5} = 168{,}9 \text{ cbm}$$

während die Kolbenverdrängung für die Versuchsdauer sich errechnet zu

$$V_n = 195{,}2 \text{ cbm.}$$

Hieraus

$$y_{vd} = V_1 : V_n = 86{,}3 \text{ v. H.}$$

y_{vi} beträgt bei 3,5 v. H. schädlichem Raume und
4,12 fachem Druckverhältnis 93,5 v. H. und ist
als Folge der Eintrittsverluste erfahrungsgemäß
ungefähr mit 1½ v. H. zu verringern auf . .   92,0 v. H.

Damit wird $y_{\text{liefer}} = y_{vd} : y_{vi} = 93{,}9$ v. H.

d. h. die Lieferverluste infolge Reibungs- und Strahlungswärme, ferner die Durchlässigkeit des ND.-Auslasses während des Ansaugens, ebenso des Einlasses während der Verdichtung, zusammen mit den Lieferverlusten nach außen der Kolben und Plunger betragen

$$100 - 93{,}9 = 6{,}1 \text{ v. H.}$$

und sind in der Hauptsache auf ein Blasen der verwendeten Metallpackungen[1]) zurückzuführen. Ein zweiter Versuch an einer ansonst gleichen Maschine zeigte einen Verlust von 6,5 v. H. Diese Beträge würden bei Berücksichtigung der Luftfeuchtigkeit sich nur noch mehr verringern.

Die Schaltbrettablesung zeigte 850 Amp. bei 117,5 Volt, doch wies die dritte und vierte Stufe schon nach 30 Std. eine merkliche Abnutzung der Metallpackungsdichtungsringe und der gehärteten, geschliffenen Plunger auf. Da Versuche an gleichen Maschinen unter denselben Betriebsbedingungen

---

[1]) Eine der Proellschen ähnlichen Bauart mit drei Satz Ringen für die dritte und vier Satz Ringen für die vierte Stufe.

mit Plungern ohne merkliche Abnützung nur 800 Amp. brauchten, ist zu folgern, daß ungewöhnliche Reibung den Kraftbedarf je Packung hier annähernd um 3 v. H. vergrößern kann. Die Wirkungsgradkurve des verwendeten Elektromotors zeigte bei obiger Stromstärke 91 v. H. und ist unter Berücksichtigung des Leitrollenantriebes im Betrage von 3 v. H.

$$y_{el} = 88,0 \text{ v. H.}$$

Wird der mechanische Wirkungsgrad des Kompressors mit zwei Kolben, zwei Plungern und mit Corlißsteuerung an zwei Einlässen auf

$$y_{mech} = 89 \text{ v. H.}$$

gesetzt, so berechnet sich der indizierte mittlere Flächendruck aller Stufen, bezogen auf den ND. bei 800 Amp. Stromverbrauch unter Berücksichtigung von y_{el} und y_{mech} auf

$$p_{m\ ges} = 6,84 \text{ Atm.}$$

Diese Zahl ist auf vollkommene Zwischenkühlung, d. h. auf 16⁰ C Eintrittstemperatur für alle Stufen zu beziehen. Da nun der Eintritt im:

II. Zylinder, geschätzt $= 22^0$ C.
III. » gemessen $= 25^0$ »
IV. » » $= 14^0$ »

war, so beträgt die Richtigstellung auf Grund des vorhergehenden:

$$\frac{6 + 9 - 2}{4 \cdot 2,9} = \frac{13}{11,6} = 1,12 \text{ v. H.}$$

und es wird berichtigt:

$$p_{m\ ges} = 6,76 \text{ Atm.}$$

Für 1,011 Atm. abs. Eintritt und 244,5fachem Druckverhältnis ergibt sich nach Hinz bei vierstufiger Verdichtung für

$$p_{m\ ad} = 6,81 \text{ Atm.}$$

und damit wird nach Formel (3)

$$y_{strom} = \frac{6,81 \cdot 0,92}{6,77} = 92,6 \text{ v. H.}$$

d. h. der Widerstandsverlust aller Leitungen, Ventile und Kühler zusammen mit der Diagrammvergrößerung, hervorgerufen durch die innere Durchlässigkeit der Steuerorgane beträgt

$$100 - 92,6 = 7,4 \text{ v. H.,}$$

während die einzelnen Widerstandsverluste allein an Hand der Konstruktionsabmessungen nach Angabe des folgenden Abschnittes annähernd auf 4,0 v. H. sich berechnen lassen, womit der Dichtigkeitszustand der Ventile unter Berücksichtigung aller Durchgangsverluste im Betrage von 1 bis 1 ½ v. H. ziffernmäßig angedeutet sei.

Mit

$p_{m\,is}$ für den gleichen Anfangs- und Enddruck $= 5{,}56$ Atm.
wird nach Formel (4)

$$y_{is} = \frac{5{,}56 \cdot 86{,}3}{6{,}77} = 71{,}0 \text{ v. H.,}$$

wobei zu beachten ist, daß die Berücksichtigung der Feuchtigkeit auch diese Zahl verbessern würde.

Für den verlustlosen Kompressor würde:

$$y_{is} = \frac{5{,}56}{6{,}81} = 81{,}7 \text{ v. H.,}$$

d. h. es werden hier $71 : 81{,}7 = 87$ v. H. des idealen Wirkungsgrades y_{is} wirklich verwertet, welche Zahl verglichen mit dem 7-Atm.-Verbundkompressor der Abb. 4 im Bereiche seiner kommerziellen Geschwindigkeiten in der Ausnutzung nur um $1\frac{1}{2}$ bis $4\frac{1}{2}$ v. H. geringer erscheint. Auch dieser Unterschied dürfte durch eine Vervollkommnung der Metallpackung noch weiter verringert werden.

y_{ges} berechnet sich somit zu:

$$71{,}0 \cdot 0{,}89 = 63{,}2 \text{ v. H.}$$

Eine Betrachtung der Temperaturen in der Batterie zeigt, daß die Luft nach dem Nachkühler von 13^0 C in den Flaschen von anfangs $14{,}5^0$ auf $29{,}5^0$ am Ende des Auffüllens sich erwärmte, als Zeichen dafür, daß das zwischen Luftbehälter und Batterie eingeschaltete Drosselkugelventil infolge Widerstände mehr Wärme erzeugt als der Temperaturabnahme der Ausdehnung entspricht. Diese Erscheinung läßt anscheinend folgern, daß die verdichtete Luft, geleitet aus dem Hochdruckbehälter vermittelst eines Drosselventils unmittelbar in einem gewöhnlichen Düsenmeßbehälter, insbesonders bei Ausschalten des Nachkühlers warm genug bleibt, um die Befürchtung einer Eisbildung in der Meßdüse zu beseitigen. Damit ist klargetan, daß die Düsenmessung in ihrer gewöhnlichen Anordnung auch für höchste Luftdrücke praktisch durchführbar erscheint. Da jedoch der Beweis hierfür nicht erbracht wurde, sei diese Behauptung zumindest im Bereiche der höchsten Luftdrucke mit Vorsicht aufzunehmen.

Diese Untersuchungen zeigen, daß das Ventil unstreitig der wichtigste Bestandteil des Kompressors ist und somit nicht nur für die Wirtschaftlichkeit, sondern auch für die Betriebstüchtigkeit der ganzen Maschine ausschlaggebend wird. Der Schnellbetrieb hat das Kleinhubventil mit dem Vielspalt in überwiegender Anwendung eingeführt, in der weiteren Folge an Stelle der Gleitführung die von H. Hoerbiger erdachte reibungslose Lenkerführung gesetzt, d. h. dies so wichtige Steuerorgan dank der richtigen Erkenntnis des Wesens in der stetigen Weiterentwicklung, wie so viele andere Maschinenelemente, über ganz komplizierte Konstruktionen hinweg, wieder zur einfachsten Ausbildung zurückgeführt.

Die allgemeinen Anforderungen, welche man hier stellen muß, berühren in bezug auf Billigkeit und Genauigkeit in der Ausführung in erster Linie die Herstellung. Neben dieser und einer zufriedenstellenden Betriebssicherheit muß vom Standpunkt der Wirtschaftlichkeit eine vollkommen gleichbleibende Plattenführung mit parallelem Anheben und ohne jede seitliche Verschiebbarkeit im Dauerbetriebe erreicht werden. Ein in der Breite übereinstimmendes Berühren von Platte und Sitz ist nämlich, selbst gleiche Breite vorausgesetzt, mit Rücksicht auf die unvermeidliche Ungenauigkeit in der Herstellung von Vielspaltventilen nicht zu erreichen, vielmehr ist ein Überragen von Platte und Sitz nach Abb. 5a, wenn auch noch so gering, unabwendbar. Nach Verlauf einiger Betriebszeit tritt dann am Sitz und an der Platte nach Abb. 5b eine Verdichtung des Materials, als Abnützung bemerkbar, auf; wird nun die gegenseitige zentrale Lage aus irgend einem Grunde geändert, so wird nach Abb. 5c der vorher ebene Sitz zerstört; nach mehrmaligem Wechsel ist dann ein Abrunden des Sitzes zu beobachten und damit die Durchlässigkeit unvermeidlich.

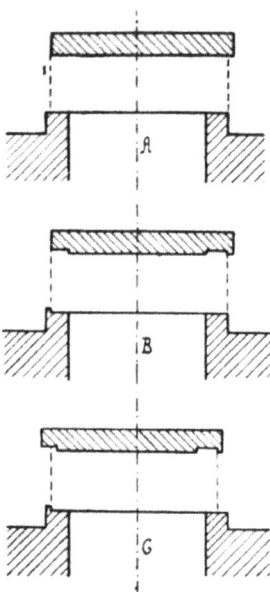

Abb. 5.

Eine absolute Dichtheit der Ventile zumindest entlang der ganzen Sitzkante ist im Betriebe schon aus dem einfachen Grunde nicht zu erwarten, weil Fremdkörper, zwischen Platte und Sitz gelangend, den Dichtungssitz oder zumindest die Dichtheit verderben. Damit wird aber die Forderung gestellt, daß Ventile im Betriebe sich selbst dichten, d. h. sich dichtschlagen, was nur durch ein allmähliches Abnützen, vielmehr Verdichten der Sitzflächen als Folge harten Aufschlagens möglich und im Grunde genommen unvermeidlich ist, anderseits aber, wie wir vorhin gesehen haben, bei mangelhafter Konstruktion gerade in bezug auf die Dichtheit Gefahren in sich birgt.

Von diesen Erscheinungen ausgehend muß man daher die Forderung stellen, daß die Konstruktion das Gleichbleiben der gegenseitigen Berührungspunkte von Platte und Sitz für die ganze Lebensdauer des Ventils in höchstem Maße gewährleistet, daß nach einem Auseinandernehmen von Platte und Sitz der vorherige Berührungszustand mit größter Genauigkeit wieder hergestellt wird und daß das Reinigen vom Staube und angesammelten Ölkoks unter Umständen ohne Auseinandernehmen der einzelnen Bestandteile möglich sei.

Die Notwendigkeit dieses Gleichbleibens der Berührungspunkte kann anscheinend dadurch überflüssig werden, daß die Platte, aus hartem oder

gehärtetem Material hergestellt, den Sitz beiderseits um einen Betrag überragt, welcher größer als die im Dauerbetrieb mögliche seitliche Verschiebung
ist. Vorausgesetzt wird dabei, daß die geschliffene Oberfläche der harten
Platte durch das Aufsitzen keine Änderung erfährt, und daß der gewöhnlich
weiche Sitz wohl verdichtet, die Ebenheit der Sitzkanten und damit ihre
Dichtheit selbst im Falle seitlicher Verschiebung nicht gestört wird. Abgesehen davon, daß diese Voraussetzung im jahrelangen Betriebe naturgemäß
nicht erfüllt bleibt, darf nicht übersehen werden, daß sich die geschliffene
Dichtungsfläche der Platte an den Stellen, wo kein Aufsitzen stattfindet,
infolge der Wärme und sonstiger Einwirkungen mit einer Oxydschichte und
mit einer Ölkoks-, Luftstaubkruste überzieht, so daß sich die Platte im Falle
einer seitlichen Verschiebung, wenn auch im verringerten Maße, ebenso verhält, wie im Beispiel der Abb. 5.

Dies Überragen der Sitzkanten verringert ferner die Ausnützung der
Ventilfläche, und zwar um so mehr, je größer dasselbe infolge Abnützung
der Plattenführung gewählt werden muß. Anderseits ist aber mit Rücksicht
auf die unvermeidliche Ungenauigkeit in der Ausführung ein geringes Überragen stets empfehlenswert, weil es ermöglicht, schmale Sitzkanten ohne
Gefahrlaufen des Undichtwerdens anzuwenden.

Die gewöhnliche Gleitführung kann ein Gleichbleiben der gegenseitigen
Berührungspunkte zumindest im Dauerbetriebe nicht gewährleisten, da die
Führungsflächen, um das gefährliche Hängenbleiben im Falle dazwischen
geratenen Luftstaubes zu verhüten, ein gewisses Spiel aufweisen müssen,
welches im unterbrochenen Betriebe schon aus dem Grunde sich vergrößert,
weil in vielen Fällen ein Rosten im Stillstande infolge Vorhandenseins der
dazu erforderlichen Bedingungen unvermeidlich ist. Damit wird aber die
Ungenauigkeit in der zentralen Führung vergrößert, ebenso der Widerstand
ins Unbestimmbare erhöht. Ein Herstellen solcher Ventile selbst aus hoch-
wertigem, legiertem Stahle mit Härten und Schleifen der Gleitflächen, kann
die geschilderten Gefahren wohl wesentlich verringern, erfahrungsgemäß
jedoch nicht beseitigen. Ebenso kann selbst die Anordnung dieser Ventile
mit vertikaler Achse die Folgen seitlicher Verschiebbarkeit nicht abwenden,
weil das stets vorhandene, mehr oder weniger einseitige Strömen der Durch-
flußluft ein seitliches Verschieben des Tellers nach sich zieht und dadurch
besonders bei den um ihre Achse drehbaren Ventilen unangenehm wird. In
der amerikanischen Praxis sind auch Plattenventile im Gebrauch, welche,
aus einzelnen glatten Ringen bestehend, für die seitliche Führung nichts
anderes als Rippen vorsehen. Bei der geringen Dicke dieser Platten ist die
seitliche Verschiebung infolge Abnützung natürlich bedeutend, und diesem
Übelstande kann nur durch übermäßiges Überragen des Sitzes abgeholfen
werden, wobei die Dichtigkeit im Sinne des Vorhergesagten ganz besonders
leiden muß.

Vom Standpunkte der stets steigenden Kolbengeschwindigkeit ist es
mit Rücksicht auf die Unterbringung der nötigen Ventilfläche wichtig, den

freien Durchgangsquerschnitt des Ventils, welcher naturgemäß im Hubspalt am geringsten sein soll, so groß wie möglich zu gestalten, denn nur in diesem Falle wird es erreicht, die Grenzen der geforderten Luftgeschwindigkeit ohne übermäßige Verteuerung der Konstruktion einzuhalten. Weiters ist zu fordern, daß die Verluste, welche die Luft beim Durchgang durch das Ventil erleidet, weitestgehend eingeschränkt werden, da unsachgemäße Gestaltung des Ventiles den Gesamtwirkungsgrad des Kompressors um viele v. H. verringern kann und daher in dieser Beziehung allein maßgebend ist.

Um diesen Forderungen entsprechen zu können, ist im nachstehenden eine Untersuchung der Ventilverluste und der Bewegung der Platte beim Öffnen und Schließen unternommen und im Anschlusse daran die richtige Unterbringung der Ventile im Zylinder behandelt.

Als Mitbewerber des selbsttätigen Ventils kommt für die Steuerung von Kompressoren der Flach-, Rund- und Kolbenschieber in Betracht, und eine Gegenüberstellung der beiderseitigen Werte sei hier kurzerhand unternommen. In wirtschaftlicher Beziehung bestehen die besonderen Vorteile dieser Schieber im allgemeinen im folgenden:

1. Im geringeren Durchgangswiderstand, weil die durchziehenden Luftfäden der größeren Eröffnung des Schiebers wegen dicker, demzufolge das Verhältnis vom Querschnitt zum Umfang günstiger und eben hiermit die Widerstände geringer werden; außerdem ist keine Schlußfeder vorhanden, deren Widerstand beim Durchgang überwunden werden muß. Dies bewirkt, daß der Wirkungsgrad y_{strom} für den Schieber auf alle Fälle sich günstiger gestaltet.

2. Hieraus folgt, daß für den Schieber die Dichtungskanten in ihrer Länge kürzer und somit die Gefahren der Undichtigkeit und diese selber geringer werden; ferner daß diese Dichtungskanten, aus Gleitflächen gebildet, bei guter Wartung als gleichmäßig und dauernd dicht bezeichnet werden können. Bedingung ist nur eine reine Ansaugeluft oder eine Beschaffenheit des Luftstaubes, welche die Abnützung nicht ungleichmäßig beschleunigt. Ansonst müßte ein Luftfilter angewendet werden, welcher für ständige Anlagen wohl stets zu empfehlen ist, für vorübergehende Anlagen jedoch als eine umständliche Beigabe empfunden wird. Die kürzere Länge dieser Dichtungskanten zusammen mit dem geringeren Ausmaß der Oberflächen beeinflußt auch wesentlich die Erwärmung der Ansaugeluft beim Durchströmen des erhitzten Einlaßorganes und bewirkt, daß auch diesbezüglich der Wirkungsgrad y_{liefer} im Vergleiche zum Ventil günstiger ausfällt.

Als Auslaßorgan kommen diese Schieber nur in Verbindung mit zusätzlichen Auslaßventilen, und zwar vorteilhaft nur mit dem Tellerventil in Betracht, und dann besitzen sie den Vorteil, daß die unvermeidliche Durchlässigkeit dieser Tellerventile durch die bessere Dichtigkeit des Schiebers für den größten Teil der Kurbelumdrehung unschädlich wird. Da in diesem Falle das Ventil unabhängig vom Schieber entsprechend groß bemessen werden muß, ist die Frage zu stellen, ob der wirtschaftliche Vorteil des Schiebers als Auslaßorgan die damit verbundene Umständlichkeit aufwiegt. Ein Auslaßschieber in Verbindung mit einem einwandfreien Plattenventil wird nämlich wegen dessen nachgewiesener guten Dichtigkeit überflüssig und damit in der Anwendung unbegründet.

Von den verschiedenen Arten von Schiebern gibt der Rundschieber, am günstigsten in der Anordnung im Zylinderdeckel, die kürzesten Wege und geringsten schädlichen Räume und ist daher besonders für Vakuumpumpen von wesentlichem Vorteil, während der Flach- und Kolbenschieber in der gewöhnlichen Anordnung mit dem gemeinsamen Einlaß- und Auslaßkanal wirtschaftliche Nachteile aufweist, welche später beleuchtet werden sollen.

Trotz dieser Vorteile mußte der Schieber dem selbsttätigen Plattenventile weichen, weil die Verbesserungen in der Konstruktion die diesbezüglich bestandenen Unvollkommenheiten beseitigten und weil die Kenntnis der an der Platte wirkenden Kräfte die Betriebssicherheit des Ventils auf eine solche Stufe gehoben hat, daß die Steigerung der Kolbengeschwindigkeit oder die Erhöhung der Drehzahl für sich keiner besonderen Berücksichtigung mehr bedarf, und noch viel weniger ein Hindernis darstellt, während sich die Umständlichkeit des mechanischen Antriebes für den gesteuerten Schieber im alles beherrschenden Schnellbetrieb als immer größere Fessel fühlbar macht.

III.

Ventilverluste.

Die Verluste eines Ventils, wie schon im vorigen Kapitel angedeutet, bestehen: aus dem Durchgangswiderstand als unmittelbarer Druckverlust; aus der Erwärmung der Ansaugung während des Strömens durch das Einlaßventil, wobei die angesaugte Menge der hervorgerufenen Volumvergrößerung entsprechend verringert wird, und aus der Durchlässigkeit der Dichtungskanten, beide einem unmittelbaren Mengenverluste gleichkommend.

Der Durchgangswiderstand, gemessen als Druckunterschied vor und nach dem in einen Kompressor eingebauten Ventile, besteht aus der Summe der Geschwindigkeits- und Reibungsverluste der Luft in den einzelnen Teilen des Ventils auf dem Wege des Durchfließens. Bei einem gewöhnlichen Kompressorventile unterscheidet man in der Hauptsache die Spaltöffnungen vom Querschnitte Q_o, den Sitzspalt vom Querschnitte Q_s und den Hubspalt Q_h entsprechend einem Ventilhube h. Bezeichnet mit Bezug auf Abb. 6 ξ_o die mittlere Reibungsziffer der Spaltöffnung, welche in der Bewegungsrichtung gemessen gewöhnlich einen abnehmenden Querschnitt und außerdem mit

Rücksicht auf den ungleich rauhen Zustand der Innenflächen eine sehr verschiedene Reibungsgröße aufweist, w_o die in der mittleren freien Spaltöffnung Q_o (abzüglich der Rippen) herrschende Geschwindigkeit; bezeichnet ξ_s die Reibungsziffer des bearbeiteten Sitzspaltes, welcher für sich bei reinen Oberflächen gleich Null gesetzt werden kann, im Betriebe aber zufolge Ablagerung von Öl, Ölkoks und Luftstaub eine stark wechselnde Größe anzeigt, ζ_s die im Sitzspalt Q_s infolge der plötzlichen Querschnittsverringerung nachweisbare Einschnürung und w_s die auf den Querschnitt Q_s bezogene Geschwin-

digkeit; ferner ξ_h die Reibungsziffer im Hubspalt Q_h, welche sich aus den vorhin angegebenen und auch hier geltenden Gründen in gleicher Weise wie ξ_s verhält, ζ_h die im Hubspalte wegen der gewöhnlich mehr oder weniger scharfen Innenkanten auftretende Einschnürung und w_h die auf den vollen Querschnitt Q_h bezogene Geschwindigkeit; wird weiters die Reibungsziffer der Luft im Ventilfänger nach dem Vorüberstreichen an den Sitzkanten (insbesonders bei Mehrringventilen) mit dem Buchstaben ξ_p bezeichnet, wobei gewöhnlich die Ringöffnungen in der Ventilplatte vom Querschnitte Q_p unter Berücksichtigung der hier auftretenden Einschnürung ζ_p so groß zu bemessen sind, daß die auf den vollen Querschnitt Q_p (abzüglich der Plattenstege) bezogene Geschwindigkeit w_p

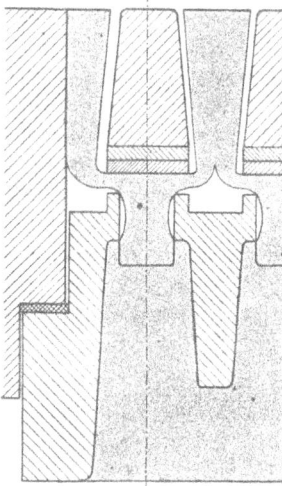

Abb. 6.

vergrößert auf $\dfrac{w_p}{\zeta_p}$ den Betrag $\dfrac{w_s}{\zeta_s}$ aus Gründen der günstigsten Ausnützung ungefähr gleichkommt und beide die Geschwindigkeit $\dfrac{w_h}{\zeta_h}$ nicht überschreiten, so kann abgesehen von der Änderung des spezifischen Gewichtes γ folgende Gleichung aufgestellt werden:

$$P_2 - P_1 = \varDelta P = \frac{\gamma}{2\,g} \cdot \left(1 + \xi_h\right) \cdot \frac{w_h{}^2}{\zeta_h{}^2} +$$
$$+ \frac{\gamma}{2\,g} \cdot \xi_o \cdot w_o{}^2 + \frac{\gamma}{2\,g} \cdot \xi_s \cdot \frac{w_s{}^2}{\zeta_s{}^2} + \frac{\gamma}{2\,g} \cdot \xi_p \frac{w_p{}^2}{\zeta_p{}^2}.$$

Im Beharrungszustande ist
$$2 \cdot Q_h \cdot w_h = Q_s \cdot w_s = Q_o \cdot w_o = Q_p \cdot w_p;$$
daraus wird
$$w_s = \frac{Q_o}{Q_s}\,w_o = \frac{o}{s} \cdot w_o \text{ und } w_p = \frac{Q_o}{Q_p} \cdot w_o = \frac{o}{p} \cdot w_o,$$

sofern s die Breite im Sitzspalt und o und p die entsprechenden mittleren Spaltweiten der freien Querschnitte Q_o und Q_p unter Berücksichtigung der

Verbindungsrippen im Sitze und Verbindungsstege in der Ventilplatte bedeuten. Damit ist:

$$\Delta P = \frac{\gamma}{2\,g} \cdot \left(\mathbf{1} + \xi_\hbar\right) \cdot \frac{w_\hbar{}^2}{\zeta_\hbar{}^2} + \frac{\gamma}{2\,g} \cdot \left[\xi_o + \xi_s\left(\frac{o}{s\,\zeta_s}\right)^{\!2} + \xi_p\left(\frac{o}{p\,\zeta_p}\right)^{\!2}\right] \cdot w_o{}^2.$$

Wird in gleicher Weise

$$w_o = \frac{2 \cdot Q_\hbar}{Q_o} \cdot w_\hbar = \frac{2 \cdot h}{o} \cdot w_\hbar$$

und

$$\left[\xi_o + \xi_s\left(\frac{o}{s\,\zeta_s}\right)^{\!2} + \xi_p\left(\frac{o}{p\,\zeta_p}\right)^{\!2}\right]\frac{4}{o^2} = K$$

gesetzt, so ist

$$\Delta P = \frac{\gamma}{2\,g} \cdot \left[\mathbf{1} + \xi_\hbar + K \cdot \zeta_\hbar{}^2 \cdot h^2\right] \cdot \frac{w_\hbar{}^2}{\zeta_\hbar{}^2} = \frac{\gamma}{2\,g} \cdot \frac{\mathbf{1} + \xi_v}{\zeta_\hbar{}^2} \cdot w_\hbar{}^2 . \quad . \quad 5)$$

und zwar ändert sich hierin die Unveränderliche K mit jeder Form- und Größenanordnung des Ventils, wobei:

$$\xi_v = \xi_\hbar + K \cdot \zeta_\hbar{}^2 \cdot h^2 \quad . \quad . \quad . \quad . \quad . \quad . \quad . \quad 6)$$

die Widerstandsziffer des ganzen Ventils darstellt und ihrerseits, da $\xi_\hbar$ bei bearbeiteten Innenkanten annähernd gleich Null gesetzt werden kann, mit dem Quadrate des Ventilhubes anwächst. Dies Ergebnis setzt gleiche Verteilung der Geschwindigkeit $w_\hbar$ in allen Hubspalten voraus und daher ist eine Übereinstimmung nur dann zu erwarten, wenn bei der Formgebung des Ventiles diese Bedingung erfüllt wird. Messungen der Geschwindigkeitsdrücke mittelst Pitotröhre zeigen, daß die Verteilung der durchfließenden Luftmenge entlang der einzelnen Ringspalten eine ungleiche ist, und daß diese selbst untereinander ungleich sind, wie dies als Folge der Einwirkung der Rippen und Stege und der Verschiedenartigkeit des Widerstandes der einzelnen Spalten nicht anders denkbar ist.

Zur Beurteilung einer vorhandenen Ventilkonstruktion ist es zunächst wichtig zu bestimmen, bis zu welcher gewöhnlichen Hubgrenze H das Ventil zu verwenden ist, wobei in der Anwendung der Ausführung eine Huberhöhung darüber hinaus aus praktischen Gründen mitunter vorteilhaft erscheinen kann. Diese Hubgrenze wird aus folgenden Gleichungen

$$2\,\zeta_\hbar Q_H = \zeta_s Q_s \text{ und } 2 \cdot \zeta_\hbar \cdot Q_H = \zeta_p \cdot Q_p$$

ermittelt, wozu in erster Linie die Kenntnis der Ziffern $\zeta_\hbar$, ζ_p und ζ_s nötig wird.

Zur Bestimmung dieser und der übrigen Werte wurde vom Verfasser die in Abb. 7 veranschaulichte Vorrichtung benützt, die aus zwei Behältern mit einer Trennungswand zur Aufnahme der Meßdüse vom Querschnitte Q_d besteht, welche durch das Vorsehen eines Deckels D leicht zugänglich gemacht wird. Das betreffende Ventil oder der Ventilbestandteil Q_v wurde nur innerhalb der im Kompressor gewöhnlich herrschenden Geschwindigkeitsgrenzen untersucht, und zwar nur mit Ausströmung ins Freie. Der dieser Vorrichtung vorgeschaltete Behälter dient zur Ausgleichung der unvermeidlichen Druckschwankungen in der Zuführungsleitung.

Als einfachster Fall sei zunächst die Bestimmung von ζ_{ϑ} einer Zweiringventilplatte, befestigt nach Art der Abb. 8, behandelt. Die durch den Querschnitt Q_{ϑ} mit der Geschwindigkeit w_{ϑ} und einem Druckunterschiede U_{ϑ}

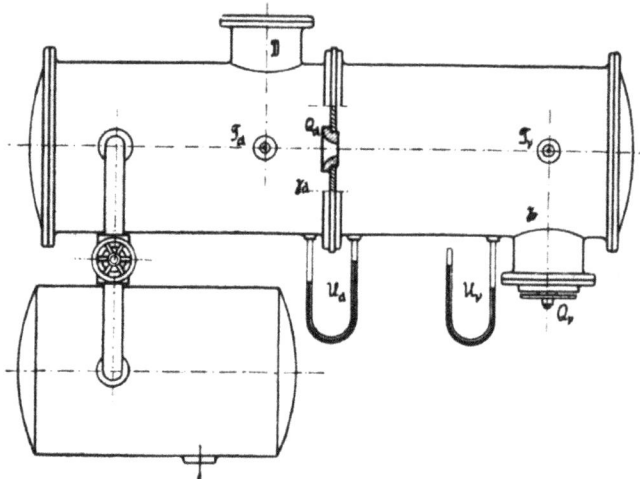

Abb. 7.

ausströmende Luftmenge wird vermittelst der Düse Q_d und der Druckablesung U_d ermittelt, und zwar ist im Beharrungszustande das sekundlich durchfließende Luftgewicht in beiden Fällen das gleiche, d. h.:

$$Q_d \cdot w_d \cdot \gamma_d = \zeta_{\vartheta} Q_{\vartheta} \cdot \frac{w_{\vartheta}}{\zeta_{\vartheta}} \cdot \gamma_{\vartheta}$$

Da

$$U_d = \frac{\gamma_d}{2\,g} \cdot w_d{}^2 \quad \text{und} \quad U_{\vartheta} = \frac{\gamma_{\vartheta}}{2\,g} \cdot \left(\frac{w_{\vartheta}}{\zeta_{\vartheta}}\right)^2,$$

so wird

$$Q_d \sqrt{\frac{U_d \cdot 2\,g}{\gamma_d}} \cdot \gamma_d = \zeta_{\vartheta} \cdot Q_{\vartheta} \cdot \sqrt{\frac{U_{\vartheta}\,2\,g}{\gamma_{\vartheta}}} \cdot \gamma_{\vartheta};$$

daraus

$$\frac{\mathrm{I}}{\zeta_{\vartheta}{}^2} = \left(\frac{Q_{\vartheta}}{Q_d}\right)^2 \cdot \frac{U_{\vartheta}}{U_d} \cdot \frac{\gamma_{\vartheta}}{\gamma_d}.$$

Die spezifischen Gewichte durch die jeweiligen Luftdrücke und absoluten Temperaturen ersetzt, wird:

$$\frac{\mathrm{I}}{\zeta_{\vartheta}{}^2} = \left(\frac{Q_{\vartheta}}{Q_d}\right)^2 \cdot \frac{U_{\vartheta}}{U_d} \cdot \frac{T_d}{T_{\vartheta}} \cdot \frac{B+U_{\vartheta}}{B+U_{\vartheta}+U_d} = A_{\vartheta} \quad \ldots \quad 7)$$

Bei Ausströmversuchen, insbesonders bei Anwendung von verhältnismäßig großen Düsen, ist $B + U_v + U_d$ nur um einige v. H. größer als $B + U_v$, weiters ist T_d, abhängig vom Druckunterschied, stets, wenn auch verschwindend, größer als T_v, so daß bei Überschlagsrechnungen beide Quotienten vernachlässigt werden können, und man erhält die vereinfachte Formel:

$$\frac{1}{\zeta_s^2} = \left(\frac{Q_p}{Q_d}\right)^2 \cdot \frac{U_v}{U_d}.$$

Zur Bestimmung von ζ_s wird der Sitz allein ohne Ventilplatte in der gleichen Vorrichtung untersucht, und zwar ist mit Bezugnahme auf die in

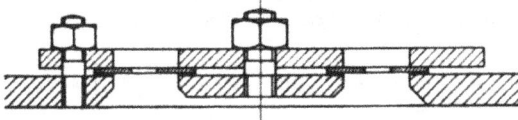

Abb. 8.

Abb. 6 dargestellten allgemein gebräuchlichen Querschnittsform der Druckunterschied:

$$U_v = \frac{\gamma}{2g} \cdot (1 + \xi_s) \cdot \left(\frac{w_s}{\zeta_s}\right)^2 + \frac{\gamma}{2g} \cdot \xi_0 w_0^2.$$

Da

$$\zeta_s Q_s \cdot \frac{w_s}{\zeta_s} = Q_0 \cdot w_0 \quad \text{und} \quad w_0 = \left(\zeta_s \cdot \frac{s}{o}\right) \cdot \frac{w_s}{\zeta_s}$$

ist, so wird:

$$U_v = \frac{\gamma}{2g} \cdot \left[1 + \xi_s + \xi_0\left(\zeta_s \cdot \frac{s}{o}\right)^2\right]\left(\frac{w_s}{\zeta_s}\right)^2.$$

In der Praxis sind die Spaltöffnungen aus Herstellungsrücksichten konisch abnehmend und es wird daher notwendig, an Stelle von o^2 den Mittelwert der Quadrate dieser Öffnungen $(o^2)_m$ einzuführen, womit:

$$U_v = \frac{\gamma}{2g} \cdot \left[1 + \xi_s + \xi_0 \frac{(\zeta_s \cdot s)^2}{(o^2)_m}\right] \cdot \left(\frac{w_s}{\zeta_s}\right)^2$$

wird.

Bei einem Strömungsversuche kann im Beharrungszustande in gleicher Weise wie vorhin:

$$Q_d \cdot w_d \cdot \gamma_d = \zeta_s \cdot Q_s \cdot \left(\frac{w_s}{\zeta_s}\right) \cdot \gamma_v$$

gesetzt werden und daraus ist:

$$Q_d \cdot \sqrt{\frac{U_d \cdot 2g}{\gamma_d}} \cdot \gamma_d = \zeta_s \cdot Q_s \cdot \sqrt{\frac{U_v \cdot 2g}{\gamma_v \cdot \left(1 + \xi_s + \xi_0 \frac{(\zeta_s \cdot s)^2}{(o^2)_m}\right)}} \cdot \gamma_v$$

und

$$\frac{1+\xi_s+\xi_o\cdot\dfrac{(\zeta_s\cdot s)^2}{(o^2)_m}}{\zeta_s^2}=\left(\frac{Q_s}{Q_d}\right)^2\cdot\frac{U_v}{U_d}\cdot\frac{T_d}{T_v}\cdot\frac{B+U_v}{B+U_v+U_d}=A_s\quad.\quad 8)$$

Zur Bestimmung der Unbekannten dieser Gleichung kann zu folgendem Hilfsmittel gegriffen werden: Um die Einschnürung ζ_s des besagten Ventiles zu beseitigen, werden die Kanten im Sitzspalt nach Abb. 9 ausgedreht, wodurch anzunehmen ist, daß der Luftstrom den Begrenzungsflächen sich anschmiegt, wobei die zusätzliche Oberflächenreibung ξ_s mit Rücksicht auf den glatten Zustand der bearbeiteten Flächen im Spalte, zumindest auf dem Versuchsstande, vernachlässigt werden kann. Es wird somit: $\zeta_s=1$, $\xi_s=0$ und

$$1+\xi_o\cdot\frac{s^2}{(o^2)_m}=A_s',\ \text{woraus}\ \xi_o=\frac{(o^2)_m}{s^2}\cdot\left(A_s'-1\right).$$

Mit Hilfe des dieser Art ermittelten Wertes ξ_o kann ζ_s als die einzige Unbekannte der Formel (8) berechnet werden. Der hiermit beschriebene Ver-

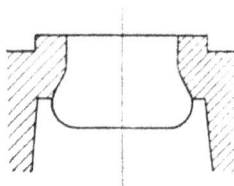

Abb. 9.

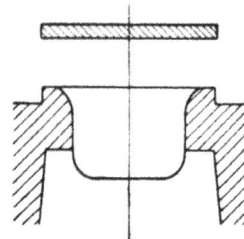

Abb. 10.

such wird nur notwendig, um den Wert A_s der späteren Formeln (24) und (25) zu erhalten.

Der Wert ζ_h kann vermittelst eines Strömungsversuches durch das vollständige Ventil ermittelt werden, und zwar ist auf Grund der gleichen Ableitung wie vorhin, mit Bezugnahme auf Abb. 6 und Formel (5), für einen Ventilhub $= h$:

$$\frac{1+\xi_v}{\zeta_h^2}=\frac{1+\xi_h+K\cdot\zeta_h^2\cdot h^2}{\zeta_h^2}=$$

$$=\left(\frac{Q_h}{Q_d}\right)^2\cdot\frac{U_v}{U_d}\cdot\frac{T_d}{T_v}\cdot\frac{B+U_v}{B+U_v+U_d}=A_h\ .\quad 9)$$

worin, wie vorhin bei glatten und nicht verunreinigten Sitzflächen, $\xi_h=0$ gesetzt werden kann. Wird nun für das gleiche Ventil die Sitzkante nach Abb. 10 abgerundet, so ist auch hier $\zeta_h=1$ zu setzen, und es wird für den gleichen Ventilhub h:

$$1+K\cdot h^2=A_h'.$$

Daraus kann für ein und dasselbe Ventil die für beide Querschnitts-
formen der Abb. 6 und 10 gleichbleibende Konstante K berechnet werden,
welche es ermöglicht, den Wert ζ_h der Formel (9) für den scharfkantigen
Sitz nach Umschreibung in die Form:

$$\frac{1}{\zeta_h^2} = A_h - K \cdot h^2$$

unmittelbar zu bestimmen.

Der Wert ζ_h kann auch zeichnerisch aus den
Versuchswerten A_h unmittelbar abgeleitet werden,
welche für ein normales Rogler-Hoerbiger-Sechsspalt-
Auslaßventil von 173 mm äußeren Durchmesser in
Abb. 11 als Funktion des Ventilhubes aufgezeichnet
sind. Für $h = 0$ wird nämlich in Formel (9) $K \cdot \zeta_h^2 \cdot h^2$
$= 0$, und es ist, da ebenfalls $\xi_h = 0$ gesetzt werden
kann:

$$\frac{1}{\zeta_h^2} = A_{h-0} \quad \text{und} \quad \zeta_h = \sqrt{\frac{1}{A_{h-0}}} \quad . \quad . \quad 10)$$

worin A_{h-0} durch die Fortsetzung dieser versuchsmäßig ermittelten A_h-Kurve bis zur Ordinatenachse
bestimmt wird.

Die Schaulinie A_h mit ζ_h^2 multipliziert kann auf-
gefaßt werden als der Zusammenhang von $(1 + \xi_v)$
und h; mit anderen Worten: die Kurve A_h ist gleichbedeutend mit der $(1 + \xi_v)$-Kurve, sofern die Einheit
für diese $A_{h-0} = \frac{1}{\zeta_h^2}$ gewählt wird. Es ist somit für
einen beliebigen Ventilhub h:

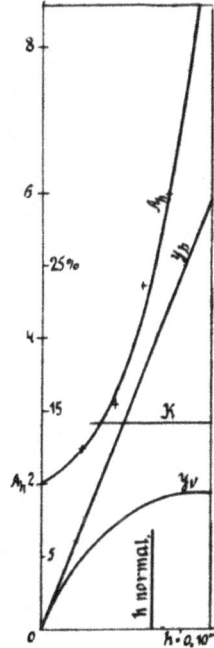

Abb. 11.

$$(1 + \xi_v)_h = \frac{A_h}{A_{h-0}}.$$

Die Unveränderliche K dieses Ventils kann dann ausgehend vom Zusammenhange $\qquad \xi_v = K \cdot \zeta_h^2 \cdot h^2 = A_h \cdot \zeta_h^2 - 1,$

aus der Vereinfachung:

$$K = \frac{A_h - A_{h-0}}{h^2}$$

aufgefunden werden. Um nun K vom Maßsystem unabhängig zu machen,
vielmehr um Ventile mit verschieden großen Normalhüben miteinander diesbezüglich richtig vergleichen zu können, sei hier h als Teil des der Konstruktion zugrunde gelegten Normalhubes H, d.h. h hier als $\dfrac{h}{H}$ eingeführt, womit:

$$K = \frac{A_h - A_{h-0}}{\left(\dfrac{h}{H}\right)^2} \quad . \quad . \quad . \quad . \quad . \quad . \quad . \quad 11)$$

wird. Diese A_λ-Werte, welche mittels eines Strömungsversuches so einfach zu bestimmen sind, mögen am treffendsten als die Charakteristik des Ventils bezeichnet werden, weil dieselben die besonderen Merkmale des Ventils: den Gesamtwiderstand und die Einschnürung des Hubspaltes einverleiben und den Ausgangspunkt für die Bestimmung all der übrigen kennzeichnenden Größen darstellen.

Abb. 11 zeigt für $h = 0$, daß die Einschnürung für den scharfkantigen Sitz eine Größe von $\zeta_\lambda = \sqrt{\dfrac{1}{2,03}} = 0,70$ annimmt, welche also besagt, daß das Ventil mit abgerundeten Innenkanten, d. h. mit einem $\zeta_\lambda = 1$, im Vergleich zum scharfkantigen Sitze bei gleichem Druckverluste die gleiche Luftmenge bereits bei einem um $h \cdot (1 - \zeta_\lambda)$ verringerten Ventilhube oder bei gleichem Ventilhub und gleichem Druckverlust eine um $\dfrac{1}{\zeta_\lambda}$ vergrößerte Luftmenge liefert.

Es drängt sich daher die Frage auf, ob es mit Bezug auf die Massenherstellung und die Erscheinungen im Betriebe möglich oder vielmehr zweckmäßig ist, diese Innenkanten vorteilhaft abzurunden? Vorerst sei bezüglich der Herstellung von Ventilen im allgemeinen darauf hingewiesen, daß ein vollkommen ebener Sitz, wie er für die Dichtung unerläßlich ist, am zuverlässigsten durch Flachschleifen erhältlich ist, weil sich gegossenes Material von diesem Gesichtspunkte aus betrachtet für gewöhnlich als zu unhomogen erweist. Das Abflachen des Sitzes kann bei homogenem Material auf kräftiger Drehbank auch durch Abdrehen mit breitem Messer oder auch mittels sehr spitzigem Messer mit geringem Vorschub vorgenommen werden. In diesem Falle ist ein Sitz mit feinteiliger Riefelung bezweckt, dessen scharfe Kanten im Betriebe sich rasch zu einem gut dichtenden Sitz mit mehrfacher Abdichtung abflachen.

Die Beantwortung selbst betreffend muß hervorgehoben werden, daß eine mögliche Verringerung der Ventilfläche, d. h. eine Vergrößerung des Hubspaltquerschnittes, nicht nur eine Ersparnis an Ventilherstellungskosten, sondern in viel höherem Maße eine Verringerung der zur Unterbringung der Ventile nötigen Fläche im Zylinderdeckel oder -Mantel bedeutet und, abgesehen von den damit verbundenen Gewichts- und Lohnersparnissen, insbesonders bei hohen Kolbengeschwindigkeiten die Konstruktionsschwierigkeiten in der Unterbringung der Ventile mit all ihren Folgeerscheinungen in hohem Maße verringern, anderseits bei den schnellaufenden und kurzhubigen Maschinen ein Hauptbehelf ist, den schädlichen Raum innerhalb zufriedenstellender Grenzen zu halten, wobei außerdem noch eine hieraus sich ergebende Verkürzung der mehr oder weniger undichten Sitzkantenlänge eine für den Gesamtwirkungsgrad nicht zu unterschätzende Verbesserung bedeutet.

Es bleibt daher nur übrig, diese Frage vom Erzeugungs- und Betriebsstandpunkte aus zu beurteilen, indem ein Sitz mit abgerundeten Innenkanten angestrebt wird, welcher bei Massenherstellung größte Einfachheit und Genauigkeit in der Ausführung aufweist und im längeren Betriebe bei der unausbleiblichen, aber immerhin geringfügigen Sitzabnützung in dieser Hinsicht keine spätere Verschlechterung der Wirkungsweise nach sich zieht.

Ein Vorschlag des Verfassers, welcher den hier gestellten Anforderungen zu genügen scheint, sei im folgenden beschrieben: Abb. 12a stellt die Rohgußform vor, Abb. 12b die Außenbearbeitung, Abb. 12c das Einschneiden der Sitzöffnungen vermittelst des in Abb. 12d dargestellten Spezialmessers, welches die gewünschte Abrundung »r« aufweist. Der ebene Dichtungssitz

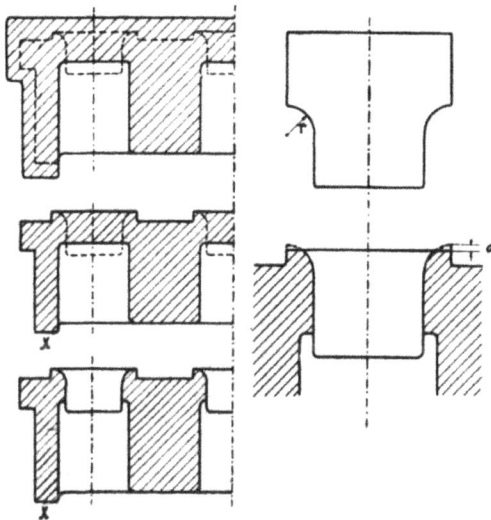

Abb. 12.

wird an Hand der Abb. 12e durch Abschleifen oder Abdrehen des Betrages »a« erzielt, indem die Genauigkeit in der Herstellung durch die vorher bearbeitete Fläche »x« gewährleistet wird, welche beim Aufspannen für das Drehen und Schleifen zum Ausrichten dient. In dieser Anordnung sind die Handhabungen für die Herstellung im Vergleich zu den Ventilen mit scharfkantigen Sitzen in ihrer Anzahl weder vermehrt, noch verteuert; ein Abnützen der Dichtungssitze im Dauerbetrieb hat nur eine geringfügige Verbreiterung zur Folge, ohne die Dichtheit selbst, sofern die vorhin aufgestellten Bedingungen erfüllt sind, schädlich zu beeinflussen.

Die Einschnürungsziffer ζ_h für den so geschaffenen halbrunden Sitz kann mit Hilfe eines Strömungsversuches ebenso abgeleitet werden, wie ζ_h für den scharfen Sitz, auch kann derselbe, wie in Abb. 11 gezeigt, aus den A_h-Werten eines Strömungsversuches unmittelbar bestimmt werden.

Eine Vergrößerung der durch das Ventil ziehenden Luftmenge kann in den meisten Fällen auch durch die Beseitigung der im Sitzspalt infolge der plötzlichen Verengung hervorgerufenen Einschnürung angestrebt werden, indem die betreffenden Kanten nach Angabe der Abb. 13 abgerundet, d. h. ausgedreht werden, mit dem besonderen Vorteil, daß durch diese Maßnahme die für die Strömung wichtigsten Ventilteile allseits bearbeitet, hierdurch die Wandreibung und Wirbelung aufs äußerste vermindert und die sonst nötige Handarbeit für das Reinigen der Spalten erübrigt wird[1]). Die Beseitigung dieser Einschnürung hätte allerdings erst eine Berechtigung sofern $2 \cdot \zeta_h \cdot h \geqq s$ wird. Im übrigen ist durch diese Ausdrehung ermöglicht, die Sitzspaltweite ohne schädliche Folge um den Betrag $s \cdot (1 - \zeta_s)$ kleiner zu

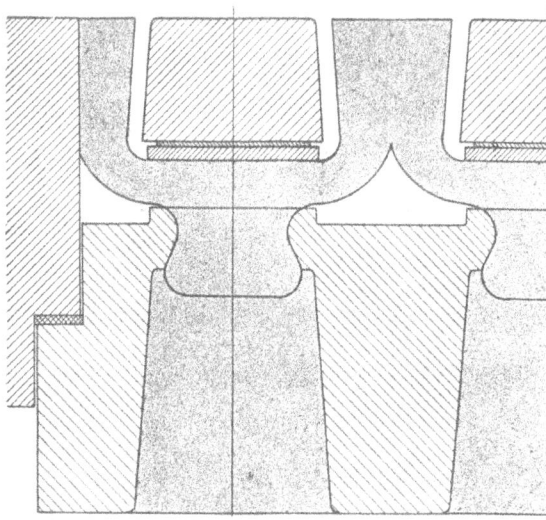

Abb. 13.

bemessen und damit die Flächenausnützung des Ventils entsprechend zu vergrößern. Durch diese zusätzliche Bearbeitung der Kanten ist es möglich, die durchziehende Luftmenge eines Ventils bei gleichem Hube h und gleichem Druckverluste U_v im Vergleich zur kantigen Ausbildung bedeutend zu vergrößern. Werden die bezüglichen Werte für den kantigen Sitz mit dem Index »k« und für die abgerundeten Kanten mit dem Index »r« bezeichnet, so kann die Zahlengröße »x« dieser Vergrößerung auf Grund von Strömungsversuchen berechnet werden:

$$\zeta_{hr} \cdot Q_h \cdot w_{hr} = x \cdot \zeta_{hk} \cdot Q_h \cdot w_{hk};$$

$$U_v = (1 + K_r \cdot \zeta_{hr}^2 \cdot h^2) \cdot \frac{\gamma}{2\,g} \cdot w_{hr}^2 = (1 + K_k \cdot \zeta_{hk}^2 \cdot h^2) \cdot \frac{\gamma}{2\,g} \cdot w_{hk}^2;$$

daraus:

$$x = \frac{\zeta_{hr}}{\zeta_{hk}} \cdot \sqrt{\frac{1 + K_k \cdot \zeta_{hk}^2 \cdot h^2}{1 + K_r \cdot \zeta_{hr}^2 \cdot h^2}}.$$

[1]) Patent des Verfassers.

Mit Bezugnahme auf Formel (9) ist, da $\xi_{\lambda} = 0$:

$$x = \sqrt{\frac{A_{\lambda k}}{A_{\lambda r}}}.$$

Eine besondere Beachtung verdient noch das Einlaßventil, welches im Vergleich zum bisher behandelten Auslaßventil bei genau gleichem Hube infolge der gehinderten Ausströmung des äußeren Spaltringes (s. Abb. 13) einen vergrößerten Widerstand aufweist. Außerdem ist noch zu beachten, daß das Ventil im Kompressor nach längerer Betriebsdauer Verunreinigungen und zwar angesammelten Luftstaub am Einlaß und angebrannten Ölkoks am Auslaß zeigt, welche den A_{λ}-Wert je nach der Ablagerung von mitunter einigen Millimetern bedeutend vergrößern, so daß es für praktische Rechnungen empfehlenswert ist, den auf den Versuchsstand ermittelten A_{λ}-Wert entsprechend zu erhöhen. Der Einfluß dieser Widerstandsvermehrung auf den Kraftverbrauch des Kompressors macht eine zeitweilige Reinigung der Ventile empfehlenswert, abgesehen davon, daß diese Verunreinigungen zwischen die Dichtungskanten gelangend, die Sitzabnützung beschleunigen und damit Undichtigkeitsverluste verursachen.

Beobachtungen an Kompressoren im Betriebe zeigten nämlich, daß Undichtigkeiten allein die Ursache von Ölkoksablagerungen an den Platten der Auslaßventile sein können. Diese Erscheinung ist nur dadurch zu erklären, daß die erhitzte Druckluft, während der Einströmperiode durch die undichten Stellen zurückfließend, an den heißen Sitzkanten sich erwärmt, d. h. isothermisch expandiert, und hier angesammelt bei Beginn der Verdichtung bereits ungefähr die Kompressionsendtemperatur aufweist, welche durch die volle Verdichtungswärme vergrößert, dieser Art den Flammpunkt des Öles weitaus übersteigt. Diesem Übelstande kann u. a. durch Vergrößern des Ventilhubes, sofern dies zulässig, abgeholfen werden. Die so vergrößerte Auftreffgeschwindigkeit verhilft zu einem Dichtschlagen, das durch die Silberfarbe der Sitzkanten wahrnehmbar wird. Sitzkanten dieser Beschaffenheit mit nachweisbar guter Dichtung zeigen auch im Dauerbetrieb ölkoksfreie Oberflächen. Auch eine Verringerung der Schlußfederkraft würde bezüglich Dichtschlagen als Folge eines zeitlich verspäteten Schlusses den gleichen Erfolg herbeiführen. Das Aufschlagen der Platte auf ihrem Sitze hört sich im übrigen wegen der Resonanzwirkung der Zylinderwände von außen viel stärker an, als es in Wirklichkeit der Fall ist.

Bezüglich des Schmieröles haben Versuche, die mit verschiedenen Ölsorten bei einem stehenden einfachwirkenden Zwillingskompressor 6" ⌀ 6" (engl. Zoll) Hub mit Kurbelkastenspritzschmierung vorgenommen wurden, einige Aufklärung gegeben. Diese Versuche mit 600 minutl. Drehzahlen und 7 Atm. Überdruck stellen übrigens die schwierigsten Anforderungen auf diesem Gebiete dar, die noch erhöht werden durch die unberechenbare Ölmenge, welche erfahrungsgemäß bei dieser Anordnung an den Kolbenringen vorbei in die Zylinder gelangt. So zeigte ein gelbes Öl mit 166° Flammpunkt und 196⁰ Brennpunkt im längeren Betriebe bei einer Verdichtungstemperatur, welche in der Nähe von 250⁰, wenn nicht darüber, lag, nur eine trockene Karbonschichte, ein Zeichen, daß hier nur eine Vergasung stattfindet, d. h. daß der Flamm- und Brennpunkt des Öles, dem vollen Luftdrucke ausgesetzt, sicherlich viel höher liegt, als derjenige, der im Laboratorium unter atmosphärischem Drucke bestimmt worden ist. Anderseits ergab ein dunkles, dickflüssiges Öl mit 271⁰ Flamm- und 316⁰ Brennpunkt unter den gleichen Arbeitsbedingungen sehr bald schmierige Rückstände, wodurch erwiesen war, daß das Vergasen im verspritzten, d. h. feinverteilten Zustande früher erfolgt, als das Laboratorium bei Untersuchung in voller Masse anzeigt.

Die gleichen Anstände mit schweren Ölsorten werden auch von anderer Seite gemeldet[1]).

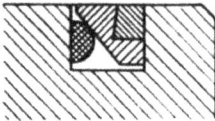

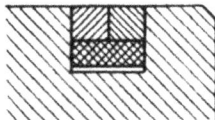

Eine Mischung dieser beiden im Verhältnis 50 : 50 mit 188⁰ Flamm- und 219⁰ Brennpunkt ließ bei einem gleichartigen Versuche die obenerwähnten festen Rückstände vermissen, und dies veranlaßte den Ölerzeuger, die leicht verflüchtigenden Bestandteile der ersten Sorte und die schwereren Teile der zweiten auszuscheiden mit dem Erfolge, daß dieses Erzeugnis, das als ein Öl mit den Asphaltbasen als Ausgangspunkt gekennzeichnet ist, in jeder Beziehung als zufriedenstellend sich erwies.

Abb. 14.

Daran sich anschließende Versuche mit verschiedenen Kolbenringen ergaben, daß die Anordnung nach Abb. 14a am besten den Übertritt des Öles aus dem Kurbelkasten in die Zylinder verhütet. Es scheint, daß der Spannring mit halbrundem Querschnitt, der den Dichtungsring beständig gegen die Kolbenkante preßt, eine wirksamere Ölabdichtung erzielt, als der in der Nute immerhin lose liegende dreiteilige Kolbenring der Abb. 14b. Anderseits ergab dieser den höchsten volumetrischen Wirkungsgrad und zwar um rd. 10 v. H. höher als derjenige der Abb. 14a, was nur dadurch zu erklären ist, daß die Art dieser Anordnung am ehesten ein Unrundwerden beim Einbau verhüten läßt.

Die Spaltausbildung nach Abb. 13 wurde auf Vorschlag des Verfassers und auf Grund ausführlicher Versuche von der Firma Ingersoll Rand Co. für gegossene Ventilsitze allgemein eingeführt. Bei langhubigen Kompressoren und insbesonders bei mehrstufiger Verdichtung ist die hierdurch bedingte größere Ventilsitzhöhe, d. h. geringe Vermehrung des schädlichen Raumes von verschwindender Bedeutung. Bei den schnellaufenden, kurzhubigen und einstufigen Kompressoren jedoch muß alles aufgeboten werden, um diesen schädlichen Raum mit Rücksicht auf dessen Einwirkung auf die Ansaugemenge möglichst zu verringern.

---

[1]) Siehe Zeitschrift: Compressed Air, September 1918.

Um den Einfluß der Formgebung eines Ventils auf die Größe des schädlichen Raumes zu beleuchten, sei zunächst der schädliche Raum dieses Ventils für sich allein abgeleitet und zwar als Anteil s_v der jeweiligen Kolbenhublänge ausgedrückt. Bedeutet Q_k die Kolbenfläche, Q_v die Ventilfläche, bezogen auf den Ventilsitzdurchmesser D, n die Anzahl der Ventile in einem Satze bei gleicher Bauart für Ein- und Auslaß, y_f die Flächenziffer als Mittelwert für Sitz und Fänger, die anzeigt, welcher Anteil der Gesamtfläche $\dfrac{D^2 \cdot \pi}{4}$ für die eigentlichen Strömungsquerschnitte vorgesehen ist, und B_v die gesamte Bauhöhe des Ventils, so kann folgende Gleichung angeschrieben werden:

$$Q_k \cdot s_v = n \cdot Q_v \cdot y_f \cdot B_v.$$

Bezeichnet $y_h = \dfrac{Q_h}{Q_v}$ den Wert der Hubspaltausnützung der Ventilfläche $\dfrac{D^2 \cdot \pi}{4}$, so wird

$$s_v = \frac{n \cdot Q_v}{Q_k} \cdot \frac{Q_h}{Q_v} \cdot \frac{Q_v}{Q_h} \cdot y_f \cdot B_v = \frac{n \cdot Q_h}{Q_k} \cdot \frac{y_f}{y_h} \cdot B_v,$$

und bedeutet c_m die mittlere Kolbengeschwindigkeit, ferner w_m die mittlere Hubspaltgeschwindigkeit, so wird unter Benützung des Zusammenhanges $Q_k \cdot c_m = n \cdot Q_h \cdot w_m$:

$$s_v = \frac{c_m}{w_m} \cdot \frac{y_f}{y_h} \cdot B_v \quad \ldots \ldots \ldots \quad 12)$$

Daraus können die Grundsätze für die Ausgestaltung des Ventils vom Standpunkte des geringsten schädlichsten Raumes in ihrem maßstäblichen Zusammenhange abgeleitet werden. So wird man bei einstufigen Schnellläufern mit höchst möglichem volumetrischen Wirkungsgrade als erste Forderung zunächst w_m größer als gewöhnlich veranschlagen. Da die Hubspaltausnützung y_h durch die Bauart gegeben ist, so wird man y_f klein wählen, d. h. die Strömungsquerschnitte selbst auf Kosten erhöhter Reibung gering halten; ebenso die Ventilbauhöhe so gering wie tunlich anordnen. All dies wird am besten durch Schmiedeisensitze, die durch Pressen hergestellt werden, erreicht, und Abb. 15 zeigt die von der Ingersoll Rand Co. angenommene Ausführung. Im Vergleich zum Gußeisensitze ist hier y_f und B_v wesentlich verkleinert und darin ist eben der hauptsächliche Vorteil zu erblicken.

Der Wert y_f kann am einfachsten aus dem Gewicht *Gew.* des vollständigen Ventiles berechnet werden, indem

$$\frac{D^2 \cdot \pi}{4} \cdot B_v - \frac{\text{Gew.}}{7,5} = \frac{D^2 \cdot \pi}{4} \cdot y_f \cdot B_v.$$

Daraus wird:

$$y_f = 1 - \frac{0,17 \cdot \text{Gew.}}{D^2 \cdot B_v}.$$

Der gesamte schädliche Raum des Zylinders ist dann aus s_v durch Dazuschlagen des Rauminhaltes der Ventilkanäle und des Zwischenraumes von Kolben und Deckel erhältlich.

Um eine einheitliche Grundlage für den Vergleich zweier Ventile, die maßstäblich und in der Bauart verschieden sind, zu gewinnen, sei hier noch der Begriff des Gütegrades y_v eines Ventils eingeführt, eine Zahl, welche angibt, wieviel Luft ein Ventil vom Durchmesser D im Verhältnis zu einer Düse vom selben Durchmesser mit gut abgerundeter Mündung bei beiderseits gleichem Druckverlust U_v liefert. Denn es ist ohne weiteres einzusehen, daß die Hubspaltausnützung y_h für sich allein noch keinen Maßstab

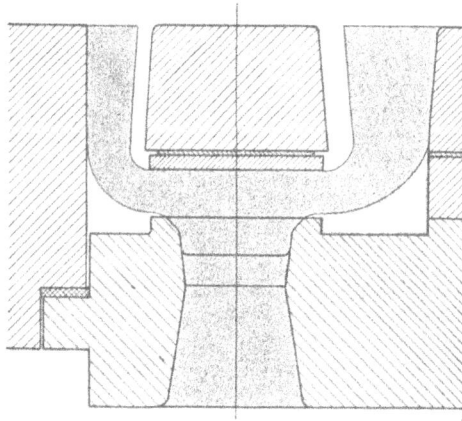

Abb. 15.

für die Güte des Ventils darstellt, da y_h den durch die Bauart und Bemessung gegebenen Widerstand und die Einschnürung nicht beinhaltet. Mit anderen Worten: die Ziffer y_v zeigt an, welcher Anteil der Ventilfläche $\dfrac{D^2 \cdot \pi}{4}$ als wirksame Düsenfläche betrachtet werden kann, d. h. es wird:

$$y_v \cdot \frac{D^2 \cdot \pi}{4} \cdot w_d = y_h \cdot \frac{D^2 \cdot \pi}{4} \cdot w_h$$

und

$$U_v = \frac{\gamma}{2 \cdot g} \cdot w_d^2 = \frac{\gamma}{2 \cdot g} \cdot (1 + K \cdot \zeta_h^2 \cdot h^2) \cdot \frac{w_h^2}{\zeta_h^2};$$

hieraus:

$$y_v = y_h \cdot \frac{w_h}{w_d} = y_h \cdot \sqrt{\frac{\zeta_h^2}{1 + K \cdot \zeta_h^2 \cdot h^2}};$$

und mit Bezugnahme auf Formel 9:

$$y_v = y_h \sqrt{\frac{1}{A_h}} \quad \ldots \ldots \ldots \quad 13)$$

Bemerkt sei noch, daß der besagte Durchmesser D, um eine einwandfreie Grundlage für den Vergleich zu schaffen, um $\dfrac{2 \cdot H}{\zeta_v}$ größer als der Außendurchmesser der Ventilplatte d zu bemessen ist, womit bei gewöhnlicher

Ausbildung der kleinere Durchmesser des Ventilsitzes gemeint wird. Es sei hier noch darauf hingewiesen, daß ein vollständiger Vergleich außerdem auch die Erwärmung der Durchgangsluft berücksichtigen sollte, da diese, im Grunde unabhängig von y_v, verschieden sein könnte und in letzter Linie doch nur einen Arbeitsverlust bedeutet. Hierüber Näheres später!

Das Ventil kann auch unmittelbar mit einer Düse verglichen werden, womit der Begriff der gleichwertigen Öffnung mit abgerundeter Mündung des Ventils eingeführt wird, wie dies im Bergbau für Grubenventilatoren allgemein üblich ist. Der Durchmesser dieser gleichwertigen Düse als der δte Teil des Ventildurchmessers D wird aus dem Zusammenhange ermittelt, daß:

$$(\delta \cdot D)^2 \cdot \frac{\pi}{4} = y_v \cdot \frac{D^2 \cdot \pi}{4};$$

daraus:

$$\delta = \sqrt{y_v} = \sqrt[4]{\frac{y_h^2}{A_h}}.$$

Versuche: 1. Strömungsversuche mit Zweiringplatten, ausgeführt mit drei Verbindungsstegen, ergaben in der Anordnung nach Abb. 8 für ζ_v einen annähernd unveränderlichen Wert von 0,69 bis 0,70, wobei die wirksame Kantenlänge der Ringspalten einfach durch Abzug der Breite der Verbindungsstege, ohne Berücksichtigung der betreffenden Abrundungen, ermittelt wurde. Dieser Wert ist auch für die Berechnung des Abstandes zwischen Ventilplatte d und Ventilsitz D anzuwenden, d. h. es wird:

$$D = d + \frac{2H}{0,69} = d + 2,9 \cdot H \cong d + 3 \cdot H.$$

2. Bestimmung von ξ_0 und ζ_v eines Einringventils $d = 109$ mm mit Gußeisensitz: die Ablesungen des Strömungsversuches für den Sitz allein ohne innerer Ausdrehung in der Anordnung der Abb. 6 und berechnet nach Formel (8) sind in Tabelle 2[1]) zusammengestellt. Der gleiche Versuch wieder-

Tabelle 2.

U_d	U_v	B	T_d	T_v	Q_d	Q_s	A_s
mm	mm	mm	°Cels	°Cels	cm²	cm²	
300	125	10,100	22	22	14,6	33,9	2,18
595	254						2,17
883	382						2,14
1135	498						2,13
1130	495			2 Düsen je 1 · 2″ engl. ⊕			2,13
907	393						2,14
581	246						2,16
272	112						2,16
						Mittel =	2,15

[1]) Die zur Messung dienenden Glasthermometer wurden mit Hilfe eines Gummi-pfropfens (d. h. ohne isolierendes Rohrstück) in den Mantel gesteckt.

holt ergab für $A_s = 2{,}13$; somit der Mittelwert $A_s = 2{,}14$. Nach Ausdrehen desselben Sitzes entsprechend Abb. 9 wurde in gleicher Weise als Mittelwert für $A'_s = 1{,}37$ gefunden, d. h. es wird:

$$1 + \xi_0 \frac{s}{(0^2)_m} = 1 + \xi_0 \cdot \left(\frac{12}{15}\right)^2 = 1{,}37$$

und daraus $\xi_0 = 0{,}58$, worin die Reibung der Rippen und der durch diese verursachte Wirbelverlust, mit anscheinend größtem Anteil, inbegriffen ist. Dieser Wert, eingesetzt in Formel (8), ergibt für $A_s = 2{,}14$ nach entsprechender Umschreibung:

$$\frac{1}{\zeta_s^2} = (A_s - A_s') + 1 = 1{,}77 \text{ und daraus } \zeta_s = 0{,}75.$$

Für verschiedene Anordnungen und Ausführungen änderte sich dieser Wert ζ_s von 0,75 bis 0,84; ebenso ist ξ_0 je nach Weite der Spaltöffnung und Beschaffenheit der Oberflächen großen Veränderungen unterworfen und sollte, um einem einwandfreien Vergleiche gerecht zu werden, auf die Einheit der Ventilsitzhöhe bezogen werden.

3. Strömungsversuche mit einem Schmiedeisensitz der gleichen Ventilgröße $d = 109$ mm, ausgeführt nach Angabe der Abb. 15, ergeben mit Hinweis darauf, daß hier $\zeta_s = 1{,}0$, für:

$$A_s = 1 + \xi_0 \frac{s^2}{(0^2)_m} = 1 + \xi_0 \left(\frac{12{,}2}{10{,}2}\right)^2$$
$$= 1{.}73 \text{ und für } \xi_0 = 0{,}51.$$

Der gleiche Sitz, bis knapp oberhalb der Oberkante der Rippe abgedreht, zeigte für:

$$A_s = 1 + \xi_0 \cdot \left(\frac{11{,}5}{12{,}5}\right)^2 = 1{,}24;$$
$$\text{d. h. } \xi_0 = 0{,}28$$

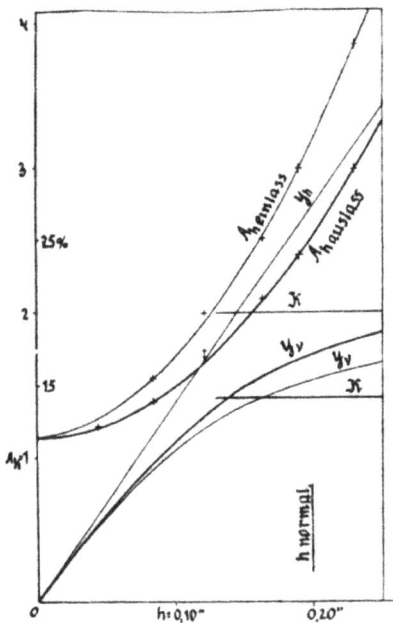

Abb. 16.

und bis zur Ebene der engsten Spaltöffnung abgedreht, für:

$$A_s = 1 + \xi_0 \cdot \left(\frac{10{,}7}{12{,}5}\right)^2 = 1{,}13 \text{ und für } \xi_0 = 0{,}18,$$

welche Gegenüberstellung andeutet, daß die Wandreibung der Spaltöffnungen allein an und für sich gering ist und nur durch das Auftreten der durch die Herstellung mittels Stanzen bedingten Grate, besonders aber durch die

Wirbelung der Luftfäden nach Vorüberstreichen an den Verbindungsrippen auf mehr als das Doppelte gesteigert wird[1]).

4. Bei Bestimmung des Wertes A_λ nach Formel (9) ist der Ventilhub h am besten als Mittelwert dem zusammengesetzten Ventile selbst durch Messung zu entnehmen. Diese Ermittlung von h stellt die größte Fehlerquelle dar und ist wohl für all die hier auftretenden Unregelmäßigkeiten verantwortlich. Für die in Abb. 16 dargestellten A_λ-Kurven eines Zweiringventils der B-R-H-Bauart von 170 mm Durchm. sind die betreffenden Ablesungen für den Auslaß, und zwar für $h = 4{,}17$ mm in Tabelle 3 zusammengetragen. Die Ablesungen für das Einlaßventil, zusammengestellt in Tabelle 4 für den gleichen Hub $h = 4{,}17$, sind durch Auflegen eines Ringes von 184 mm inneren Durchmesser erhalten worden, der auf diese Art die Ausbohrung des Zylinders darstellt.

Tabelle 3.

h	U_d	U_v	B	T_d	T_v	Q_d	Q_v	A_λ
4,17	270	140	10,000	19	19	29,2	60,7	2,17
	480	248						2,13
	755	392						2,08
	1025	526				4 Düsen je 1·2″ engl.		2,02
	1060	556						2,06
	970	505						2,05
	705	366						2,09
	489	252						2,12
	283	147						2,18

Mittel = 2,10

Tabelle 4.

h	U_d	U_v	B	T_d	T_v	Q_d	Q_v	A_λ
4,17	240	145	10,000	19	19	29,2	60,7	2,54
	438	267						2,52
	627	387						2,51
	799	493				4 Düsen je 1·2″ engl.		2,48
	792	488						2,44
	615	377						2,49
	420	256						2,52
	263	161						2,57

Mittel = 2,51

Die dieser Art für die verschiedenen Ventilhübe ermittelten A_λ-Werte, als Parabel aufgezeichnet, ergeben als Scheitelwert d. h. für $h = 0$ ein $A_\lambda = 1{,}14$, dem nach Formel (10) ein $\zeta_\lambda = 0{,}935$ entspricht. Während die A_λ-Kurven der Zwei- und Mehrringventile durchwegs eine quadratische Parabel für Auslaß und Einlaß aufweisen, zeigen die Einringventile nur für den Auslaß

---

[1]) Siehe Geschoßversuch des Anhanges.

einen quadratischen Zusammenhang, welcher für den Einlaß einen etwas geringeren Exponenten annimmt. Für die hier in Betracht kommenden Ventilhübe von 4 und 5 mm kann im Mittel:

$$A_{\lambda\,\text{einlaß}} = 1{,}22 \cdot A_{\lambda\,\text{auslaß}}$$

gesetzt werden. Der Wert ζ_λ der Abb. 13 änderte sich für verschiedene Ausführungen wohl als Folge der hier unvermeidlichen Ungenauigkeiten in der Bearbeitung zwischen 0,95 bis 0,90. Es kann auch sein, daß der engste Querschnitt von Q_λ, in welchem daher die größte Einschnürung auftritt, mit wechselndem Drucke und Ventilhube in seiner Lage sich verändert, mit der Folgewirkung, daß Q_λ der Formel jeweils an dieser Stelle gemessen werden sollte. Eine solche Verschiebung von Q_λ für Plattenventile mit je einem Außen- und Innenspalt ist für das Ergebnis ohne Bedeutung, da eine Veränderung am Außenspalt in ihrem Größenausmaß von der Gegenwirkung des Innenspaltes aufgehoben wird.

Der mit Hilfe des y_λ-Wertes nach Formel (13) errechnete Gütegrad y_φ zeigt, insbesonders für das Einlaßventil, daß eine Hubvergrößerung über 5 mm von nur geringem Werte ist. Die zum Rechnungshub von 5 mm gehörige Unveränderliche K ist ebenfalls eingezeichnet. Für die rechnerische Ermittlung der Strömungsverluste und der Schlußfeder ist es unerläßlich, jede ausgeführte Ventilgröße, wie gezeigt, zu untersuchen. Der Vergleich dieser Kurven, die mit den verschiedenen Ventilen aufgenommen werden, zeigt dann die gegenseitigen Vorteile bildlich einwandfrei an und führt am ehesten zur gewünschten Verbesserung.

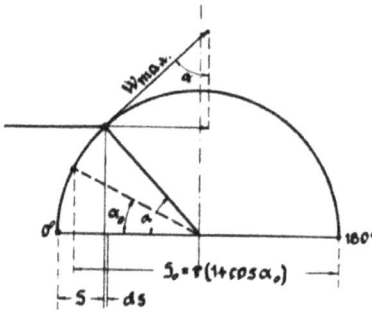

Abb. 17.

Von Wert für uns ist bei Berechnung des Durchgangswiderstandes noch der »mittlere Druckverlust ΔP_m« während eines Hubes, weil von ihm der Kraftverbrauch bzw. die durch ihn bewirkte Vergrößerung des Luftdiagrammes abhängt. Zunächst werde also dieser Druckverlust für das hier behandelte Vielspaltventil, und zwar zuerst für das Einlaßventil bestimmt. Wird hier der Einfachheit wegen (womit eine für praktische Forderungen genügende Genauigkeit erzielbar ist) Q_λ für die ganze Dauer des Durchfließens als unveränderlich angenommen, d. h. $Q_\lambda = Q_H$ dem Hubspalt für den Vollhub gesetzt, so wird w_λ verhältnisgleich der jeweiligen Kolbengeschwindigkeit c_k, und es kann für die Bestimmung des Mittelwertes von Deckel- und Rahmenseite, d. h. für eine unendliche Bleuelstangenlänge mit Hinweis auf Abb. 17:

$$w_\lambda = w_{H\,\text{max}} \cdot \sin\alpha = \frac{Q_k}{Q_H} \cdot c_{k\,\text{max}} \cdot \sin\alpha$$

und

$$\varDelta P = \frac{\gamma}{2\,g} \cdot A_\lambda \cdot w^2{}_{H\,max} \cdot \sin^2 \alpha$$

gesetzt werden.

Für die Dauer des geöffneten Ventils, d. h. einer dazugehörigen Kurbeldrehung von α_0 bis 180^0 und einem dieser entsprechenden Kurbelwege:

$$s = r \cdot (1 + \cos \alpha_0)$$

ist somit:

$$\varDelta P_m = \frac{1}{r \cdot (1 + \cos \alpha_0)} \cdot \int_{\alpha_0}^{180} \varDelta P \cdot d_s,$$

worin:

$$d_s = d\,(r - r \cdot \cos \alpha) = r \cdot \sin \alpha \cdot d\,\alpha$$

und

$$\varDelta P_m = \frac{1}{1 + \cos \alpha_0} \cdot \frac{\gamma}{2\,g} \cdot A_\lambda \cdot w^2{}_{H\,max} \cdot \int_{\alpha_0}^{180} \sin^3 \alpha\, d\,\alpha.$$

Hierin ist

$$\int_{\alpha_0}^{180} \sin^3 \alpha \cdot d\,\alpha = \left[\frac{-\sin^2 \alpha \cdot \cos \alpha}{3} - \frac{2}{3} \cdot \cos \alpha \right]_{\alpha_0}^{180}$$

$$= \frac{2}{3} \left[1 + \cos \alpha_0 + \frac{1}{2} \sin^2 \alpha_0 \cdot \cos \alpha_0 \right]$$

und

$$\varDelta P_m = \frac{2}{3} \cdot \frac{\left[1 + \cos \alpha_0 + \frac{1}{2} \sin^2 \alpha_0 \cdot \cos \alpha_0 \right]}{1 + \cos \alpha_0} \cdot \frac{\gamma}{2\,g} \cdot A_\lambda \cdot w^2{}_{H\,max} \quad \cdot \quad 14)$$

Da bei neuzeitigen Ausführungen der schädliche Raum klein, demzufolge y_{vi} groß ausfällt, ist mit einem kleinen α_0 zu rechnen, so daß das dritte Glied des Klammerausdruckes ohne weiteres vernachlässigt werden kann, und es wird:

$$\varDelta P_m = \frac{2}{3} \cdot \frac{\gamma}{2\,g} \cdot A_\lambda \cdot w^2{}_{H\,max}$$

worin $w_{H\,max} = \frac{\pi}{2} \cdot w_m$ und w_m die im praktischen Gebrauche übliche mittlere Luftgeschwindigkeit nach der Formel $Q_H \cdot w_m = Q_k \cdot c_m$ bedeutet. Damit ergibt obige Gleichung folgende Auswertung:

$$\varDelta P_m = \frac{\gamma}{12} \cdot A_\lambda \cdot w_m^2$$

bezogen auf den Kolbenweg während der Zeit des geöffneten Ventils. Der gleiche Wert bezogen auf den ganzen Kolbenhub wird somit:

$$\varDelta P_0 = y_{vi} \cdot \varDelta P_m = y_{vi} \cdot \frac{\gamma}{12} \cdot A_\lambda \cdot w_m^2 .$$

Dieser Druckverlust wird in Wirklichkeit infolge der unvermeidlichen Schwingungen in der Leitung und der zusätzlichen Reibung in den Zylinderkanälen mehr oder weniger vermehrt, indem die jeweiligen Verluste eben aus diesen Gründen mitunter weit über die Annahme dieser Ableitung hinaus vergrößert werden. Diese Reibungsvermehrung hängt von der Ventilbauart, von der Anordnung der Ventile im Zylinder und von der Bemessung der Kanäle ab und kann für eine vorliegende Bauart am einfachsten als Vielfaches a von A_λ angenommen werden. Ist daher diese Vermehrung für sich $(a - 1) \cdot A_\lambda$, so wird der mittlere Druckverlust für das in den Zylinder eingebaute Einlaßventil daher:

$$\Delta P_v = a \cdot \Delta P_v = y_{vi} \cdot \frac{\gamma}{12} \cdot a \cdot A_\lambda \cdot w_m{}^2 \ \ . \ \ . \ \ . \ \ . \ \ 15)$$

Für das Auslaßventil erhält man bei Integrierung der Druckverluste vom Öffnungswinkel a_o bis 180^0 den gleichen Mittelwert ΔP_m der Formel (14). Der Klammerausdruck dieser Formel ist für $a_o = 90^0$ von gleicher Größe mit seinem Nenner und zeigt der Quotient daher für eine Ventileröffnung in der Nähe der Hubmitte, was allerdings für die zwei- und mehrstufigen Verdichtungen eben zutrifft, einen von 1 praktisch genommen wenig verschiedenen Wert an. Es wird also auch für deren Auslaßventile:

$$\Delta P_m = \frac{\gamma}{12} \cdot A_\lambda \cdot w_m{}^2.$$

Für die einstufigen Kompressoren besonders mit höheren Verdichtungsgraden wird die rechnerische Ermittlung dieses Quotienten vermittelst des dazugehörigen a_o stets empfehlenswert.

Bei gleichartiger Bauartausbildung aller Ventile eines zwei- oder mehrstufigen Kompressors und bei gleichem w_m ist daher für die verschiedenen Ventile:
$$\Delta P_m \cong \text{const. } \gamma$$

d. h. ΔP_m ist der Luftdichte verhältnisgleich. Da nun in einem rankinisierten Luftdiagramme das Produkt von Luftvolumen mal Dichte für jede Abszisse das gleiche ist, so sind die Druckverluste aller Ventile, bestehend jeweilen aus dem Produkte ΔP_m mal Luftvolumen, untereinander ebenfalls annähernd gleich groß oder mit anderen Worten: der Strömungsverlust sämtlicher Ventile eines zwei- oder mehrstufigen Kompressors ist einzeln praktisch genommen ebenso groß wie derjenige des ND.-Einlaßventils, d. h.: ΔP_v aller Ventile $= \Delta P_v$-ND.-Einlaß.

Im Falle eines mehrstufigen Kompressors mit verschiedenen Ventilgrößen ist der Mittelwert der Produkte $A_\lambda \cdot w^2{}_m$ in die Formel einzusetzen. Diese Erkenntnis ermöglicht, den Arbeitsbedarf der Strömungsverluste sämtlicher Ventile annähernd zu ermitteln, sofern der Größenwert von »a« bekannt ist.

Versuch: Um zunächst in Formel (15) die Unveränderliche »a« zu bestimmen, wurde der erwähnte Versuchskompressor $17 + 10\frac{1}{2} \times 14''$ (engl.

Zoll) mit nur je einem Ventil am ND. vor und nach dem Ventil bei 175 minutl. Drehzahl indiziert und die Flächen der Druckverluste aus den Diagrammen aufgesucht, welche als Druckhöhenmittelwerte bezogen auf den vollen Kolbenhub für das

$$\text{ND.-Einlaßventil } \Delta P_v = 1030 \text{ mm WS}$$
$$\text{ND.-Auslaßventil } \Delta P_v = 950 \text{ » »}$$

ergaben[1]).

Daraus errechnet sich für $w_m = 56$ m/sec und für

$$A_h\text{-Einlaß} = 2{,}92, \text{ ein } a\text{-Einlaß} = 1{,}13$$
$$A_h\text{-Auslaß} = 2{,}55, \text{ » } a\text{-Auslaß} = 1{,}19 \text{ oder als}$$
$$\text{Mittelwert »a« } = 1{,}16,$$

welcher für die hier angewandte Bauart als unveränderlich angenommen sei.

Die Strömungsverluste sämtlicher Ventile bezogen auf die Kolbenhublänge schreiben sich demnach:

$$\Sigma(\Delta P_v) \cong y_{vi} \cdot \frac{\gamma}{12} \cdot a \cdot \Sigma(A_h \cdot w_m^2)$$

und angewendet auf die gleiche Versuchsmaschine ist für $\gamma = 1{,}18$, $n = 253$, $y_{vi} = 0{,}916$, $a = 1{,}16$, ferner für:

	ND.	HD.
A_h-Einlaß . . . . =	2,92	2,30
A_h-Auslaß . . . =	2,55	1,75
w_m, m/sec. . . . =	41,0	36,0

$$\Sigma(\Delta P_v) \cong 0{,}916 \cdot \frac{1{,}18}{12} \cdot 1{,}16 \cdot (14{,}420) \cong 1510 \text{ mm WS.}$$

Um den Strömungsverlust des ganzen Kompressors ΔP_k zu erhalten, ist $\Sigma(\Delta P_v)$ um die Verluste der Anschlußleitungen, Kanäle, sowie Zwischenkühler im Betrage von ΔP_1 zu vergrößern, wobei ΔP_1 am besten als der b-Anteil von ΔP_k angeschrieben wird, d. h. es ist: $\Delta P_1 = b \cdot \Delta P_k$. Da nun laut Abschnitt II:

$$\Delta P_k = y_{vi} \cdot (1 - y_{strom}) \cdot p_{m\,ad},$$

ist, wobei $p_{m\,ad}$ den mittleren Diagrammdruck in mm WS der jeweiligen adiabatischen Verdichtung, bezogen auf den ND.-Zylinder bei voller Ansaugung bedeutet, so wird:

$$\Sigma(\Delta P_v) = (1 - b) \cdot \Delta P_k$$

und

$$y_{vi} \cdot \frac{\gamma}{12} \cdot a \cdot \Sigma(A_h \cdot w_m^2) = (1 - b) \cdot y_{vi} \cdot (1 - y_{strom}) \, p_{m\,ad} \quad . \quad 16)$$

daraus:

$$b = 1 - \frac{\gamma \cdot a \cdot \Sigma(A_h \cdot w_m^2)}{12 \cdot (1 - y_{strom}) \, p_{m\,ad}}.$$

---

[1]) Siehe Abb. 27.

Mit Bezug auf den Versuch der Abb. 4 ist für 7 Atm. Überdruck p_{mad} = 24,250, ferner für $n = 253 : y_{strom} = 0,915$, d. h.

$$b = 1 - \frac{1,18 \cdot 1,16 \cdot (14,420)}{12 \cdot 0,085 \cdot 24,250} = 1 - 0,80 = 0,20,$$

woraus folgt, daß für die vorliegende Bauart:

$$\Delta P_1 = 0,20 \cdot \Delta P_k, \text{ vielmehr } \Delta P_k = 1,25 \cdot \Sigma (\Delta P_v)$$

wird.

Damit können die in Abb. 3 und 4 vermittelst der y_{strom}-Kurven dargestellten Gesamtströmungsverluste in ihre Bestandteile: Leitungs- und Ventilverluste zerlegt werden und diese selben Verluste der beiden Versuche gegenseitig verglichen werden: Während der Leitungsverlust ΔP_1 bei derselben Drehzahl den gleichen Größenwert annimmt, sollen die Ventilverluste bei gleicher Drehzahl wie die Quadrate der Geschwindigkeiten w_m sich verhalten. Eine Nachrechnung zeigt einen Fehlbetrag von nur 8 v. H., welcher durch die Ungenauigkeiten der Versuchseinrichtungen leicht zu erklären ist.

Auf Grund dieser Betrachtungen kann hier für einen gegebenen Fall auch der Einfluß von A_h auf die Größengestaltung des Arbeitsbedarfes annähernd bestimmt werden. Es ist nämlich für: $4 \cdot A_{hm} (w_m{}^2)_m$ an Stelle von $\Sigma (A_h \cdot w_m{}^2)$ eines Verbundkompressors, wie vorhin:

$$\Sigma (\Delta P_v) = y_{vi} \cdot \frac{\gamma}{12} \cdot a \cdot 4 \cdot A_h \cdot (w_m{}^2)_m = (1 - b) \cdot (1 - y_{strom}) \cdot y_{vi} \cdot p_{mad}.$$

In dieser Beleuchtung sind die Ventilverluste im Ausmaße $(1 - b) \cdot (1 - y_{strom})$ des Kraftverbrauches $y_{vi} \cdot p_{mad}$ hier verhältnisgleich mit A_{hm}, d. h. es ist $(1 - b) \cdot (1 - y_{strom}) = x \cdot A_{hm}$ zu setzen und damit errechnet sich für das soeben erwähnte Beispiel mit $b = 0,20$, $y_{strom} = 0,915$, $(w_m{}^2)_m = 38,6^2$, $p_{mad} = 24,250$, das gesuchte $x = 0,0282$, d. h. jede Einheit des A_{hm}-Wertes vergrößert den Arbeitsbedarf für diese Bauart und im Bereiche der angenommenen Verhältnisse um rd. $x = 2,82$ v. H., womit die Bedeutung von A_h für den Gesamtkraftverbrauch zahlenmäßig angedeutet sei. Für ein einziges Ventil würde jede Einheit von A_h den Kraftverbrauch um rd. $\frac{2,82}{4} = 0,7$ v. H. verändern.

Für die einstufige Verdichtung ist dieser x-Wert in gleicher Weise zu berechnen, sofern der Quotient der Formel (14) in Anbetracht der übrigen Ungenauigkeiten gleich 1 gesetzt wird. Ist z. B. für 6 Atm. Überdruck p_{mad} = 26,040, bei 5 v. H. schädlichem Raum $y_{vi} = 0,82$, so wird für $a = 1,16$ und gleichem $w_m = 38,6$:

$$0,82 \cdot \frac{1,18}{12} \cdot 1,16 \cdot 2 \cdot A_{hm} \cdot 38,6^2 = x \cdot A_{hm} \cdot 0,82 \cdot 26,040 \text{ und } x = 0,0131.$$

oder für ein Ventil ebenfalls annähernd 0,7 v. H.

Die in der Ausgangsgleichung (5) angegebene Geschwindigkeit $\frac{w_h}{\zeta_h}$ wird durch die adiabatische Expansion von P_2 auf P_1 erzeugt und ist von einer entsprechenden Temperaturverringerung begleitet; der Reibungswiderstand hat dagegen eine Temperaturerhöhung der durchfließenden Luft zur Folge, jedoch wegen der Kühlwirkung der Expansion erst wahrnehmbar, wenn $\xi_v > 1$ oder $(1 + \xi_v) > 2$ wird. Demnach wird beim Durchströmen vom Druckverlust ΔP nur der Anteil $[(1 + \xi_v) - 2]$ nachweisbar in Wärme umgesetzt, so daß

$$\Delta P_{\text{wärme}} = \frac{\gamma}{2\,g} \cdot [(1 + \xi_v) - 2] \cdot \left(\frac{w_h}{\zeta_h}\right)^2$$

wird. Die gleiche Erwärmung der Ansaugung, bezogen auf den vollen Kolbenhub, vergrößert sich unter Berücksichtigung der zusätzlichen Kanalreibung $(a - 1)$, an Hand der Formel (15), ausgedrückt in mm WS $= \text{kg/m}^2$ auf:

$$\Delta P_{v\,\text{wärme}} = y_{vi} \cdot \frac{\gamma}{12} \cdot [a \cdot (1 + \xi_v) - 2] \cdot \left(\frac{w_m}{\zeta_h}\right)^2 \quad . \quad . \quad . \quad 17)$$

Die mittlere Temperaturerhöhung Δt_m je Hub s berechnet sich nun auf Grund folgender Gleichung:

$$\frac{Q_k \cdot s \cdot \Delta P_{v\,\text{wärme}}}{428} = Q_k \cdot s \cdot y_{vi} \cdot \gamma \cdot c_p \cdot \Delta t_m$$

und daraus:

$$\Delta t_m = \frac{a\,(1 + \xi_v) - 2}{5136 \cdot c_p} \cdot \left(\frac{w_m}{\zeta_h}\right)^2 \quad . \quad . \quad . \quad . \quad 18)$$

d. h. bei $a \cdot (1 + \xi_v) > 2$ wird die Luft der Ansaugung wärmer, und

» $a \cdot (1 + \xi_v) < 2$ » » » » » kühler,

dieser Art y_{vd} entsprechend beeinflussend.

Die mittlere Reibungserwärmung der Luft, die durch das ND.-Einlaßventil des gleichen Versuchskompressors, wie er in Abb. 4 dargestellt, angesaugt wird, beträgt somit bei $n = 253$, $A_h = 2,92$, $c_p = 0,25$,

$$\Delta t_m = \frac{1,16 \cdot (2,56 - 2)}{5136 \cdot 0,25} \cdot \left(\frac{41,0}{0,935}\right)^2 = 1,45^0\,\text{C},$$

entsprechend einer Volumvergrößerung nach Angabe des Kapitels II von

$$\frac{1,45}{2,9} = 0,5 \text{ v. H.}$$

Die von der Ansaugeluft infolge Strahlung der heißen Ventiloberflächen aufgenommene Wärmemenge W je Hub berechnet sich aus der bekannten Formel:

$$W = k \cdot F \cdot \Delta t \cdot z,$$

in welcher die sog. Unveränderliche k nach diesbezüglichen Versuchen linear mit der Durchströmgeschwindigkeit wächst, d. h. es ist in unserem Falle zu schreiben:

$$k = \text{const} \cdot w_m.$$

Zur Verallgemeinerung der Betrachtung sei hier die Wärmemenge eines Luftfadens vom Querschnitte $\zeta_h \cdot h \cdot l = 1\,\text{cm}^2$ in Rechnung gestellt, womit die bezügliche Strahlungsfläche F verhältnisgleich der Ventilbauhöhe B_v mal der Kantenlänge l wird, d. h.:

$$F = \text{const} \cdot B_v \cdot l = \text{const} \cdot \frac{B_v}{\zeta_\lambda \cdot h}.$$

Der Temperaturunterschied Δt kann für einen gegebenen Verdichtungsgrad mit Bezug auf das hohe Wärmevermögen des Eisens und des geringen Wärmeinhaltes der vorbeiziehenden Luft als gleichbleibend angenommen werden.

Die Zeit je Hub z hängt in erster Linie von der Drehzahl ab, indem $z = \dfrac{\text{const}}{n}$ wird, und kann für einen in seinen Abmessungen vorliegenden Kompressor auch $z = \dfrac{\text{const}}{w_m}$ gesetzt werden. All diese Werte eingesetzt, wird daher im allgemeinen:

$$W = \text{const} \cdot \frac{w_m}{n} \cdot \frac{B_v}{\zeta_\lambda \cdot h} \quad \ldots \ldots \ldots \quad 19)$$

und hieraus ist der Einfluß der einzelnen Größen w_m, n, B_v und $\zeta_\lambda \cdot h$ zu entnehmen.

Für eine vorliegende Ausführung mit gegebenem $\dfrac{B_v}{\zeta_\lambda \cdot h}$ und einem für jede Drehzahl gleichbleibenden Verhältnis von $\dfrac{w_m}{n}$ ist:

$$W = \text{Konstante},$$

d. h. der Strahlungsverlust je Hub wird von der Drehzahl unabhängig.

Diese Erkenntnis ermöglicht es, den Verlustbetrag $(\text{I} - y_{\text{liefer}})$ in seine Bestandteile: 1. Erwärmung infolge Reibung, 2. Erwärmung infolge Strahlung und 3. Durchlässigkeit und Schlupf zu zerlegen, und dies sei für Abb. 3 und 4 zeichnerisch durchgeführt. Die Einzeichnung der Teilungslinien wird dadurch erleichtert, daß die Reibungserwärmung an Hand der Formel (15) mit w_m, d. h. hier mit der Drehzahl quadratisch anwächst, daß die Strahlungserwärmung, wie vorhin gezeigt, für ein und dieselbe Maschine von der Drehzahl unbeeinflußt, d. h. gleich groß bleibt, während die Durchlässigkeitsverluste für die gleichen Betriebsverhältnisse, als nur von der Zeit abhängig, einen hyperbolischen Zusammenhang aufweisen. Die beiden Versuche nun miteinander verglichen, ergeben, daß die Reibungserwärmung, bezogen auf die gleiche Drehzahl an Hand der Formel (18), sich verhält wie das Quadrat der jeweiligen Spaltgeschwindigkeit, d. h. wie $2^2 : \text{I} = 4 : \text{I}$; die Strahlungserwärmung, welche in dieser Beziehung an Hand der Formel (19) linear mit der Hubspaltgeschwindigkeit anwächst, zeigt für den Zweiventilversuch der Abb. 4 einen Größenwert von 2,0 und für den Einventilversuch der Abb. 3 entsprechenderweise einen solchen von rd. 4,0 v. H. Lieferverlust, wobei das Auffinden eben dieser Linien durch die Erkenntnis ermöglicht wird, daß die Durchlässigkeitsverluste für sich als der Rest von $(\text{I} - y_{\text{liefer}})$ nach Abzug der Reibungs- und Strahlungserwärmung einen hyperbolischen Zu-

sammenhang darstellen sollen[1]). Der Einventilversuch mit nur halber Ventil-
kantenlänge zeigt hier eigentümlicherweise eine etwas größere, wenn auch
an und für sich geringe Undichtigkeit, hervorgerufen vielleicht durch die
mangelhafte Dichtung des als Ersatz verwendeten Blinddeckels.

Die Unveränderliche der Formel (19), in welcher die Wärmemenge in
cal je Hub der Einfachheit halber besser durch den Lieferverlust·in v. H.
ausgedrückt wird, errechnet sich aus den obigen beiden Größenwerten mit
$B_{\bullet}$ = 50 mm, $\zeta_{\lambda} \cdot h$ = 3,75 mm, w_m = 30 m/sec, n = 189 je Min. für den
Zweiventilversuch und mit n = 94,5 je Min. für den Einventilversuch zu:

$$\text{const} = 1,06 \text{ als Mittelwert,}$$

welcher naturgemäß nur für die hier verwendete Ventilbauart und besonders
nur für den hierher gehörigen Verdichtungsgrad = 2,83 Gültigkeit besitzt.

Um den Einfluß des Verdichtungsgrades auf die Größengestaltung
der Strahlungserwärmung zu bestimmen, wurden einige vom Versuchs-
ingenieur S. B. Redfield, Phillipsburgh, N. J., an den einstufigen
Kompressoren 14″ Durchm.·10″, 14″ Durchm.·12″, 17″ Durchm.·12″, und
15¼″ Durchm.·21″ (engl.) ausgeführten Versuche diesbezüglich untersucht;
sämtliche Zylinder waren mit gut eingelaufenen Rogler-Hoerbiger-Ventilen
ausgestattet. Die Linie y_{liefer} all dieser Versuche mit Überdrücken wechselnd
von ½ bis 7 Atm. zeigt mit guter Übereinstimmung, daß zunächst die
Drehzahl keinen wesentlichen Einfluß auf deren Größengestaltung ausübt
und dieser Zusammenhang ist am besten an Hand der Abb. 4 durch die
Gegenwirkung der Reibungserwärmung und der Durchlässigkeit bei unveränderlicher Strahlungserwärmung erklärt; ferner, daß die zu dem jeweiligen
Verdichtungsgrade gehörigen Strahlungserwärmungen untereinander sich
verhalten wie die Quadratwurzeln der diesen Drücken entsprechenden
adiabatischen Verdichtungstemperaturen. D. h. ist für eine vorhandene Ventilbauart die Strahlungserwärmung für den Verdichtungsgrad von 2,83 und
die diesem entsprechende Verdichtungstemperatur von 98⁰ C versuchsmäßig
zu 2,0 v. H. Lieferverlust (s. Abb. 4) ermittelt, so erhöht sich die Strahlungserwärmung z. B. für 7 Atm. Überdruck und 227⁰ C Verdichtungstemperatur an Hand dieses Versuchsergebnisses auf:

$$2,0 \cdot \sqrt{\frac{227}{98}} = 3,05 \text{ v. H.}$$

Das Größenmaß dieser Strahlungserwärmung ist jedoch nicht nur von
der Ventilbauart, sondern in viel höherem Maße von der Art des Einbaues
des Ventils im Zylinder abhängig, und dies soll in einem späteren Kapitel
beleuchtet werden.

---

[1]) Die Kurve y_{liefer} ist zwischen den zu ihr gehörigen Versuchspunkten in ihrer
Form und Höhenlage so zu wählen, daß die Strahlungserwärmung eine unveränderliche
bleibt und die Durchlässigkeitsverluste als dritter Bestandteil für die einzelnen Drehzahlen nach der Gleichung

$$\text{Durchlässigkeit} \cdot \text{Drehzahl} = \text{Konstante}$$

als Hyperbole bestimmt werden.

Diese Ergebnisse ermöglichen die Strömungs- und Lieferungsverluste eines Kompressors für die jeweilen vorliegenden Betriebsverhältnisse aus den Ventilversuchsdaten unmittelbar zu berechnen, und ist eine solche Auf-gabe insofern von Interesse, als damit der Einfluß der bisher nicht fest-gelegten Hubspaltgeschwindigkeit und ebenso der des Ventilhubes auf die Größengestaltung der Gesamtverluste leichterdings veranschaulicht werden kann. Während nämlich mit zunehmendem Ventilhube der A_h-Wert rasch anwächst, nimmt die Strahlungserwärmung gleichzeitig ab, und das Produkt der beiden weist erst im Bereiche der größeren Geschwindigkeiten einen merklichen Unterschied auf.

Beispiel: 1. Bestimmung des Kraftverbrauches eines einstufigen Kom-pressors mit Corlißschieber als Einlaß und 215-mm-Rogler-Hoerbiger-Ventil als Auslaß angeordnet im Deckel, mit freier Ansaugung bei 0,7 Atm. End-druck, mit $y_{vi} = 97,5$ v. H. an Hand Indizierung, $a = 1,10$ und $b = 0,20$, beide geschätzt und folgende Steuerungsdaten bei 175 minutl. Drehzahl:

	A_h	w_m
Einlaß	$= 1,5$ (geschätzt)	23,0 m/sec
Auslaß ($h = 3$)	$= 6,2$ (ermittelt)	38,2 m/sec

Darnach ist laut Formel (15):

$$\Delta P_v\text{-Einlaß: } = 0,975 \cdot \frac{1,18}{12} \cdot 1,1 \cdot 1,5 \cdot 23^2 \ = \ 84$$

$$\Delta P_v\text{-Auslaß: } = 0,975 \; \frac{1,18}{12} \cdot 1,1 \cdot 6,2 \cdot 38,2^2 = 960$$

$$\left.\right\} = 1044 \text{ mm WS.}$$

$$\Delta P_k = 1,25 \, \Sigma \, (\Delta P_v) = \; . \; . \; . \; . \; . \; . \; . \; . \; . \; 1300 \qquad ,,$$

an sich unabhängig vom Druckverhältnis.

Versuche zeigen, daß die Drucklinie nach dem Eröffnen infolge Luft-stauung namentlich bei Anwendung zu kleiner Leitungen (im Diagramm wahrnehmbar als eine Verspätung der Ausströmung) mehr oder weniger an-steigt, um gegen Hubende wieder der Behälterspannung sich zu nähern; die gleichartige Erscheinung ist auch am Einlaß zu beobachten. Beides ver-ursacht eine Vergrößerung der Strömungswiderstände über das eben berech-nete Maß von ΔP_k hinaus, welche je nach Leitungsanordnung bei großen A_h-Werten leicht 25 v. H., bei kleinen A_h-Werten ohne weiteres mehr als das Doppelte dieser Zahl betragen kann, d. h. es wird hier:

$$\Delta P_{kcor} = 1,25 \; \cdot 1300 = 1625 \text{ mm WS. und}$$

$$y_{vi} \cdot p_{mad} = 0,975 \cdot 5730 = \underline{5590} \qquad ,,$$

somit:

$$p_{mges} = 7215 \text{ mm WS.} = 0,7215 \text{ Atm.}$$

An Hand der Formel (2) wird sonach der Kraftverbrauch:

$$L_{ind} = 2,222 \cdot 0,7215 = 1,61 \text{ PS}$$

je cbm minutl. Kolbenverdrängung. Damit sei angedeutet, wie aus den Kon-

struktionsangaben der Kraftverbrauch für die verschiedensten Betriebsverhältnisse annähernd genau berechnet werden kann. Für einen versuchsmäßig
ermittelten Wirkungsgrad $y_{vd} = 94{,}9$ v. H. ist somit:

$$y_{liefer} = 0{,}949 : 0{,}975 = 97{,}3 \text{ v. H.},$$

womit die geringen Erwärmungs- und Undichtigkeitsverluste des Corlißschiebers veranschaulicht seien; ferner:

$$y_{strom} = \frac{5730}{7215} \cdot 97{,}5 = 77{,}4 \text{ v. H.}$$

$$y_{is} = \frac{5310}{5730} \cdot 0{,}973 \cdot 0{,}774 = \frac{5310}{7215} \cdot 94{,}9 = 69{,}8 \text{ v. H.}$$

Weitere Versuchsbeispiele: 2. Verluste eines Blattfedernventils, patentiert von Rud. Meyer, A.-G., Mülheim-Ruhr, ausgeführt von Laidlaw-Dunn-
Gordon, Cincinnati, Ohio:

Das einem Kompressor: 9½ Durchm. · 12″ (engl.), 7 Atm. Überdruck
und 270 minutl. Drehzahl entliehene Ventil mit 5¼″ innerem Sitzdurch-

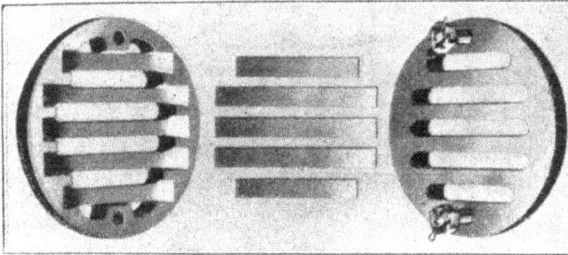

Abb. 18.

messer, das in Abb. 18 veranschaulicht ist, zeigte in der Versuchsvorrichtung,
die in Abb. 19 enthaltenen A_λ-Werte als Funktion des Druckunterschiedes
U_φ, sofern jene für den einem mittleren Ventilhub $h = 0{,}1265″ = 3{,}21$ mm
entsprechenden unveränderlichen Hubspalt $Q_\lambda = 4{,}01^\square{}''$ berechnet werden.
Mit anderen Worten, es zeigt sich, daß die Blattfedern mit einer Dicke
$= 0{,}025″$ in diesem Falle erst bei 1150 mm WS voll öffnen und hierbei ein
$A_\lambda = 4{,}36$ ergaben. Die Höhe dieses Wertes wird dadurch erklärt, daß der
Querschnitt der Luftfäden in der Ebene der Blattfeder wesentlich zu eng bemessen erscheint. Wird ζ_λ im Hubspalt für die scharfkantige Ausführung,
wie früher, mit 0,7 angenommen, so kann aus diesen zwei Angaben die A_λ-
Kurve aufgezeichnet, ebenso y_λ und y_φ bezogen auf 5¼″ Sitzdurchmesser
ermittelt werden, wie dies in Abb. 20 dargestellt ist. Wird A_λ für Ein- und
Auslaß hier gleich groß bemessen, die Ziffern $a = 1{,}10$ und $b = 0{,}10$ geschätzt, so ergibt Formel (16), den Quotienten der Formel (14) hier der Ein-

fachheit halber gleich 1 gesetzt, mit $w_m = 41,5$ m/sec und $p_{m\,ad} = 28,420$:

$$y_{vi} \cdot \frac{1,18}{12} \cdot 2 \cdot 1,1 \cdot 4,36 \cdot 41,5^2 = 0,9 \cdot (1 - y_{strom}) \cdot y_{vi} \cdot 28,420;$$

daraus:

$$(1 - y_{strom}) = 0,0635 \quad \text{und} \quad y_{strom} = 93,65 \text{ v. H.}$$

An Hand der Formel (18) berechnet sich $\Delta t_m = 0,96^0$ C und:

$$(1 - y_{liefer})_{reibung} = \frac{0,96}{2,9} = 0,33 \text{ v. H.}$$

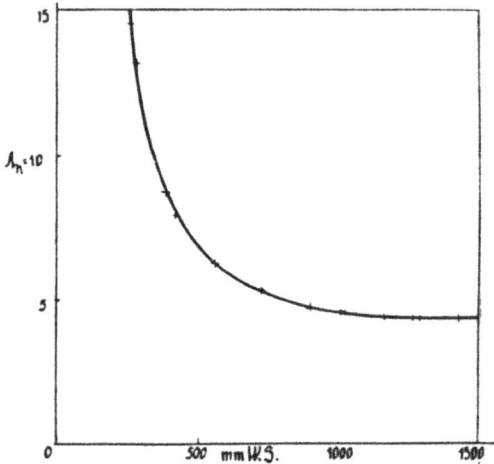

Abb. 19.

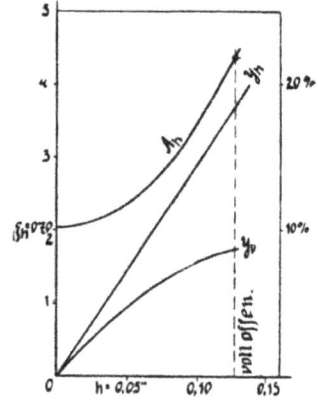

Abb. 20.

Die Strahlungserwärmung, ausgedrückt als Lieferverlust, berechnet sich an Hand Formel (19) für 7 Atm. Überdruck mit einer Konst $= 1,06 \cdot \dfrac{3,05}{2,0}$ und $B = 51$ mm zu:

$$(1 - y_{liefer})_{strahlung} = 5,65 \text{ v. H.}$$

Wird ferner der Durchlässigkeitsverlust mit 0,5 v. H. angenommen, mit Rücksicht darauf, daß mit der Abnützung der führenden Wände die Blattfeder seitlich und in der Längsrichtung lose wird, wird ebenso der Schlupfverlust mit 0,5 v. H. geschätzt, der dadurch hervorgerufen wird, daß die Feder kurz vor dem Aufsitzen ihre Spannkraft und damit ihr Schließvermögen verliert und daher eigentlich durch das Rückströmen geschlossen wird, so ist:

$$(1 - y_{liefer}) = 5,65 + 0,33 + 1 = 6,98 \quad \text{und} \quad y_{liefer} = 93,02 \text{ v. H.}$$

Und es berechnet sich für $\dfrac{p_{m\,ad}}{p_{m\,is}} = 0,732$,

$$y_{is} = 0,9365 \cdot 0,9302 \cdot 0,732 = 0,637 = 63,7 \text{ v. H.}$$

Damit sei dargetan, wie aus den Versuchswerten eines Ventils die Wirkungsgrade des Kompressors annähernd abgeschätzt werden können, ebenso in welchem Maße diese von der übrigens frei zu wählenden Geschwindigkeit w_m beeinflußt werden.

Versuch 3: Simplate-Ventil der Chicago Pneumatic Tool Company.

Abb. 21 zeigt einen Schnitt durch ein Auslaßventil mit 5,5″ Sitzdurchmesser, $h = 0,125″$ und $Q_h = 5,8\square′$, aufgezeichnet mit Hilfe der Reklameschrift an Hand der dazugehörigen Ventilplatten und Schlußfedern. Die A_h-Kurve desselben kann am besten aus den Versuchswerten einer ähnlichen, in den Hauptmaßen ungefähr übereinstimmenden, ansonst im vorhergehenden

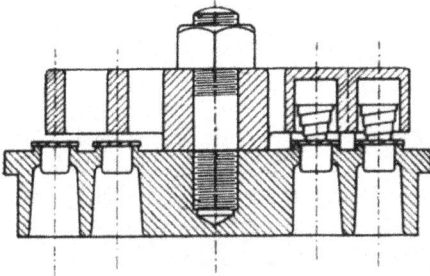

Abb. 21.

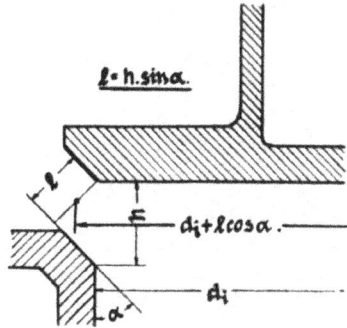

Abb. 22.

bereits untersuchten Ausführung ermittelt werden, welche bei $h = 3,2$ mm ein $A_h = 2,23$ mit $\zeta_h = 0,935$ aufweist. Damit wird für das Simplate-Ventil mit scharfkantigem Sitz, d. h. mit $\zeta_h = 0,70$:

$$A_h = 2,23 \left(\frac{0,935}{0,70}\right)^2 = 3,98.$$

In Wirklichkeit dürfte dieser Wert in der Versuchsvorrichtung größer ausfallen, da die Spalte zwischen den beiden Ventilringen mit $p = 5,7$ mm einem Ventilhub von nicht über 2,4 mm entspricht. Damit können die Verluste dieses Ventils abgeschätzt und in der weiteren Folge die Wirkungsgrade als Vergleichswerte aufgefunden werden.

Versuch 4: Durchgangswiderstand eines Tellerventils mit schrägem Sitz.

Laut Abb. 22 ist die wirksame Weite im kleinsten Querschnitte $l = h$ · sin α und der dazugehörige Durchmesser $D = d + l \cdot \cos \alpha = d + h \cdot \sin \alpha$ · cos α. Der Hubspaltquerschnitt errechnet sich somit zu $Q_h = D \cdot \pi \cdot l = \pi$ $(d + h \cdot \sin \alpha \cdot \cos \alpha) \cdot h \cdot \sin \alpha$, und für $\alpha = 45^0$ ist: $l = 0,707 \cdot h$ und Q_h $= 2,22 \, (d + 0,5 \, h) \cdot h$. Mit diesem Querschnitte Q_h ist w_m zu berechnen.

Die versuchsmäßige Ermittlung von A_h nach Formel (9) mit der Vorrichtung der Abb. 7, wobei der jeweilige Ventilhub vermittelst der Anzahl der Umdrehungen einer Stellschraube gemessen wurde, die für die Hubbegrenzung angeordnet war, ergab für ein Ventil mit $d = 4^1/_8″$ (engl.) Durchm.,

Sitzbreite $= {}^3/_{16}''$ und $\alpha = 45^0$ die in Tabelle 5 zusammengestellten Werte. Die bei gleichem Hub für verschiedene Überdrücke, d. h. verschiedene Geschwindigkeiten sich ergebenden A_λ-Werte zeigen zunächst eine wechselnde Größe an, vielleicht dadurch zu erklären, daß der hierbei in Betracht kommende wirksame Hubspalt sich verschiebt, so daß Q_λ in der Formel selbst

Tabelle 5.

h	U_v	U_d	Q_v	Q_d	A_λ	h	U_v	U_d	Q_v	Q_d	A_λ
$''$	mm	mm	$\square''$	$\square''$		$''$	mm	mm	$\square''$	$\square''$	
0,3636	226	365	3,476	2,262	1,417	0,4540	190	273	4,392	3,363	1,165
	302	593			1,142		297	446			1,096
	457	916			1,087		462	668			1,119
	675	1286			1,115		590	855			1,100
	667	1270			1,111		491	705			1,126
	541	949			1,237		306	453			1,115
	379	747			1,123		195	290			1,126
	244	387			1,440						

(Mittelspalten: 2 Düsen je 1·2″ Φ; 3 Düsen je 1·2″ Φ)

bei gleichem Hube eigentlich eine Änderung erfahren sollte. Ein Vergleich derselben A_λ-Werte für die verschiedenen Ventilhübe eines ähnlichen Versuches, dargestellt in Abb. 23, zeigt anfangs eine steigende und dann entgegen den bisherigen Betrachtungen eine durch nichts begründete fallende Tendenz. Überhaupt war unter den hier untersuchten Ventilen dies die einzige Form, welche keine Übereinstimmung mit den obigen Ableitungen aufwies. Mangels einer Erklärung für dies den Voraussetzungen nicht entsprechendes Verhalten ist die den Ergebnissen der Plattenventile angemessene A_λ-Linie hier eingezeichnet und damit y_v bestimmt, wobei y_λ auf den Durchmesser $4^1/_8 + 2 \cdot {}^3/_{16} + {}^3/_4 = 5^1/_4''$, bezogen wurde.

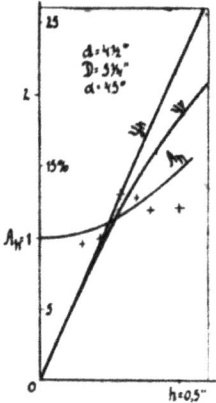

Abb. 23.

Mit Hilfe der Formel (15) könnte der Wert $a \cdot A_\lambda$ auch durch eine Indizierung des Luftzylinders unmittelbar vor und hinter dem Ventil bestimmt werden, wobei die von den betreffenden Drucklinien eingeschlossene Fläche durch Teilung mit dem Kolbenwege, der dem geöffneten Ventil entspricht, die mittlere Höhe $\dfrac{\Delta P_v}{y_{vl}}$ ergibt. Wird bei einem Verbundkompressor dieser Art der Druckverlust des ND.-Auslasses und des HD.-Einlasses gleichzeitig bestimmt, so könnte aus den Differenzflächen der betreffenden Drucklinien auch der Widerstand des Kühlers ermittelt werden. Die Schwierigkeiten, denen man hier begegnet, bestehen darin, daß das im Gleichgewicht befindliche Indikatorgestänge in Schwingungen gerät bei den plötzlichen Druckänderungen, die durch das Verschwinden des Öffnungsüberdruckes und durch das stoßweise Ausströmen hervorgerufen werden und daß diese nur langsam verschwinden. Dies Schwingen ist nicht nur im Zylinderdiagramm, sondern auch in der hinter dem Ventil aufgenommenen Drucklinie wahrzunehmen und erzeugt als Differenz dieser beiden Linien mitunter hintereinander mehrere negative Flächen, welche, wenn als solche richtig, ein Rückströmen nach dem Zylinder bedeuteten und jedesmal einem Schließen der Ventile gleichkämen, was naturgemäß von der weitergehenden Kolbenverdrängung ausgeschlossen wird. (Siehe diesbezüglich Abb. 27.)

Für das Abnehmen von naturgetreuen Diagrammen hatte selbst der hier verwendete Crosby-Indikator zu schwere Gestängemassen und das besagte Schwingen ist um so weniger zu verhüten, je dichter das Ventil, d. h. je größer der Öffnungsüberdruck und je kleiner der A_h-Wert, d. h. je ungehinderter das Ausströmen erfolgen kann, mit anderen Worten: je hochwertiger das Ventil ist. Die in den Reklameschriften für hohe Drehzahlen anzutreffenden sog. tadellosen Indikatordiagramme müssen daher stets mit Vorsicht aufgenommen werden.

Der Mittelwert von A_h zusammen mit den Unveränderlichen a und b kann auch aus dem Wirkungsgrade y_{strom} zurückgerechnet werden, indem an Hand der Formel (16), da die Spaltgeschwindigkeiten aus den Konstruktionsabmessungen bekannt sind,

$$\frac{a \cdot (A_h)_m}{1 - b} = \frac{12}{\gamma \cdot (w_m^2)_m} \cdot (1 - y_{\text{strom}}) \, p_{m\,\text{ad}}$$

wird.

In der Praxis wird w_m für die einzelnen Stufen üblicher Kompressoren in Übereinstimmung mit der früher behandelten Ableitung allgemein gleich groß und vielfach rd. 30 m/sec gewählt. Seltener sind noch immer Abweichungen anzutreffen und zwar besonders bei Gebläsen, bei welchen die größeren Einheiten mit einer meistens nur geringen Förderhöhe aus Rücksicht auf die hohe Bedeutung der Wirtschaftlichkeit eine Geschwindigkeit von nur 25 m/sec als zweckmäßig erscheinen lassen. Aus dem gleichen Grund wird hier die Einlaßfläche mit der Rechtfertigung der längeren Öffnungsdauer, jedoch mit Übersehen des tatsächlichen Zusammenhanges, größer als die Auslaßfläche angenommen. Weitere Abweichungen sind bei den HD.-Zylindern der mehrstufigen Kompressoren zu finden, bei welchen mit Rücksicht auf die größere Dichte w_m bis 25 m/sec und kleiner gewählt wird. Bei Vakuumpumpen, insbesonders mit selbsttätigen Ventilen für Einlaß und Auslaß, ist es die zur Erzielung hoher Verdünnung unbedingt erforderliche Verringerung des schädlichen Raumes, welche eine Erhöhung von w_m auf 40 bis 50 bis 60 m/sec und mehr vorschreibt, wobei eine unterschiedliche Bemessung des Ventilhubes, sowie eine zweckdienliche Größengestaltung der Schlußfeder die schädliche Wirkung hoher Geschwindigkeiten wesentlich verringern kann.

Besondere Beachtung erfordert die Verdichtung dünner Gase, wie z. B. von Wasserstoff, welcher mit seiner Dichte von 1 : 16 der Luft bei gleichem

Strömungsverluste die Anwendung der $\sqrt{16} = 4$ fachen Geschwindigkeit zulassen würde. Eine Erhöhung von w_m bis zu diesem Werte ist aus dem Grunde besonders zu empfehlen, um die Kantenlänge der möglichen Undichtigkeit weitestgehend zu verringern und diese selber, gerade mit Hinweis auf die Gefahr der geringen Dichte in den Grenzen der Luftkompressoren zu halten. Aus dem gleichen Grunde ist für den Kolben die Wahl hochwertiger Dichtungsringe in größerer Anzahl besonders zu empfehlen.

Allerdings muß hervorgehoben werden, daß auch andere Gesichtspunkte maßgebend für die Wahl der zweckmäßigsten Geschwindigkeit sein können, wie z. B. die größere Staubablagerung der Naturgaspumpen bei höherer Geschwindigkeit u. a. m.

Diese hier angegebenen Geschwindigkeiten sind in der Praxis auf Grund langjähriger Erfahrung allgemein eingeführte Werte, ohne jedoch, wie erläutert, unbedingte, für alle Fälle gültige Grenzwerte darzustellen. Die Wahl der zulässigen Geschwindigkeit mit Rücksicht auf den hierfür angesetzten Arbeitsverbrauch hängt vielmehr bei richtiger Beurteilung in erster Linie von dem A_h-Werte des Ventiles ab, und es ist ohne weiteres klar, daß ein Steuerorgan mit kleinem A_h eine größere mittlere Geschwindigkeit anzuwenden erlaubt, und daß zwei Organe in wirtschaftlicher Beziehung gleichwertig sind, sofern das Produkt $(A_h \cdot w^2_m)$ jeweilen die gleiche Größe annimmt. Im allgemeinen muß aber gesagt werden, daß jede Änderung dieser Geschwindigkeiten Vor- und Nachteile aufweist, und zwar hat eine Verringerung größere Sitzkantenlänge, damit erhöhte Durchlässigkeit, vergrößerte schädliche Räume und verteuerte Herstellungskosten als unliebsame Folge; anderseits verursacht eine Erhöhung der Geschwindigkeit vermehrten Durchgangswiderstand und vergrößerte Reibungs- und Strahlungserwärmung.

Zur Veranschaulichung der Verteilung des Durchgangswiderstandes im Verbundkompressor diene das rankinisierte Diagramm der Abb. 2, in welchem die Ventil-, Kühler- und Leitungswiderstände sinngemäß und im vergrößerten Maßstabe eingezeichnet sind.

Um die stets mehr oder weniger vorhandenen Schwingungen in den Saug- und Drucklinien möglichst zu beseitigen, empfiehlt es sich, die Anschlußleitungen genügend groß zu bemessen, weiters in unmittelbarer Nähe der Ventile Behälterräume in der ungefähren Größe des Zylinderinhaltes anzuordnen. Im Anschluß daran seien hier noch die von einer amerikanischen Fachfirma mit gutem Erfolg angewandten Rohrgeschwindigkeiten v_m nach der Formel $Q_k \cdot c_m = Q_{rohr} \cdot v_m$ angegeben, und zwar für:

Saugleitung und Anschluß ND.-Kühler = 10 bis 12 m/sec,
Anschluß Kühler-HD. = 5 bis 6 m/sec,

wobei die beiden Anschlüsse des üblicherweise querüber oder querunter den Zylindern angeordneten Kühlers gewöhnlich gleich bemessen werden;

Anschluß HD.-Luftsammler = 10 bis 12 m/sec,
Saug- und Druckleitung der einstufigen Kompressoren = 12 bis 15 m/sec,

mit dem Zusatz, daß auf dem Wege des Durchströmens die Querschnitte in den Zylindern und Kühlern mindestens das $2\frac{1}{2}$-, besser das 3fache der Größe des jeweiligen Q_H betragen. Mit solch reichlicher Bemessung der Querschnitte wird eben erreicht, große Räume in unmittelbarer Nähe der Ventile zu schaffen und gerade hierdurch die besagten Druckschwingungen zum Vorteil der Lebensdauer der Platte in hohem Maße zu besänftigen.

IV.

Ventilöffnen.

Im weiteren Verlaufe sei das Öffnen und Schließen eines Vielspaltventiles mit Hubbegrenzung als selbsttätiges Steuerorgan eines Kompressors behandelt.

Öffnen des Auslaßventils: Dies erfolgt im Augenblicke, wo der Druck über dem Ventil, der von der Behälterspannung P_1 zusätzlich des Federdruckes P_F herrührt, gleich dem Drucke unterhalb der Platte wird, den die Kolbenverdichtung P_2 und die im Dichtungssitz selbst jeweils herrschenden Drücke hervorrufen. Es frägt sich zunächst, wie sind die Druckverhältnisse im Sitze selbst aufzufassen, weil doch von vornherein anzunehmen ist, daß der Sitz keine unbedingte Dichtung aufweist, d. h. auch nicht annähernd eine Vakuumspannung, jedenfalls niemals der ganzen und nur bestenfalls der teilweisen Breite entlang. Selbst beiderseits geschliffene Flächen anfänglich vorausgesetzt, ist nach einiger Betriebsdauer auch bei einem Gleichbleiben der Punktberührung eine Unebenheit der Sitzgestalt der vorhandenen Verunreinigungen wegen nicht zu verhüten. Dies setzt natur-

Abb. 24.

gemäß eine Fortpflanzung des Druckes entlang des bestehenden Gefälles voraus, womit aber eine Undichtigkeit, wenn auch noch so klein, verbunden ist, welche weiters nur durch den vorhandenen Widerstand auf dem Wege des Durchfließens begrenzt wird.

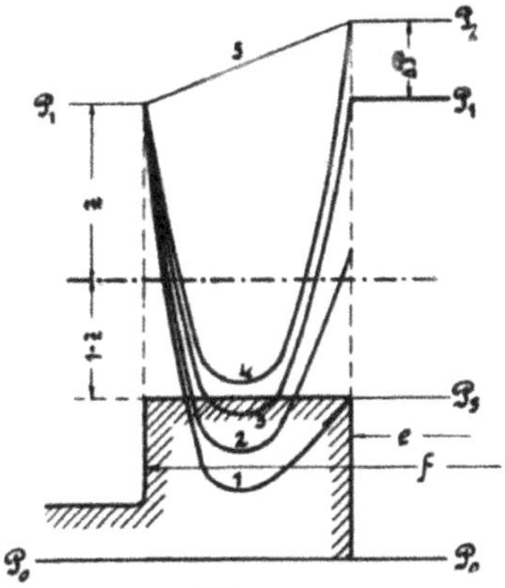

Abb. 24 zeigt auf Grund dieser Auffassung den mutmaßlichen Drucklinienverlauf im Sitze eines »im Betriebe befindlichen« Auslaßventils in aufeinander folgenden Zeitteilchen. Die Drucklinie 1, gültig für die Einströmperiode mit dem Saugdruck P_s ,steigt während der Verdichtung über die Linien 2 und 3 bis auf die Linie 4, welche dem voraussichtlichen Druckverlaufe im Augenblicke unmittelbar vor dem Öffnen entspricht und in ihrer Wirkung durch den Mittelwert $[P_s + \mathfrak{z} \cdot (P_1 - P_s)]$ ersetzt werden kann. Aus diesem vermutlichen Verlaufe der Druckveränderung im Sitze kann gefolgert werden, daß die Linie 4 bei einem zeitlichen Verbleiben des Zylinderdruckes auf der Höhe P_2 der Linie 5 als Endwert sich nähert und damit das Öffnen des Ventils früher oder später selbsttätig bewerkstelligt. Aus diesen Betrachtungen geht hervor, daß die Dichtigkeitsziffer $z = 1 - \mathfrak{z}$, welche, wie gesagt, von der Beschaffenheit des Sitzes abhängt, bei gleichen baulichen und betrieblichen Verhältnissen als eine Funktion der Zeit aufzufassen ist, d. h. daß die Drucklinie 3 in Abb. 24 eine um so höhere Lage annimmt, je mehr Zeit dem Kolben für die Verdichtung vom Drucke P_s auf P_1 zur Verfügung steht, daß also z damit von der Drehzahl abhängt; die Steigerung von P_1 auf P_2, d. h. von 3 auf 4, erfolgt bei Verbundmaschinen gewöhnlich in der Mitte des Hubes, wofür das Zeitelement besser durch die Kolbengeschwindigkeit ersetzt werden kann. Die Frage nun, ob die Drehzahl oder die Kolbengeschwindigkeit oder beide zusammen auf die Größengestalt von z von ausschlaggebender Bedeutung sind, muß Versuchen überantwortet werden. Bemerkt sei noch, daß die Linie 1 bei guter Dichtung auch unter die Drucklinie P_s sinken und z einen Wert sogar größer als 1 annehmen kann, als Anzeichen dafür, daß hier selbst der Scheitel der Linie 4 unterhalb P_s zu liegen kommt. Für eine Vakuumspannung entlang der ganzen Sitzbreite ist auf Grund der Abb. 24:

$$P_s + \mathfrak{z} \cdot (P_1 - P_s) = 0$$
$$(1 - \mathfrak{z}) P_s + \mathfrak{z} \cdot P_1 = 0$$
$$z \cdot P_s + (1 - z) \cdot P_1 = 0$$

und daraus:

$$P_1 = z \cdot (P_1 - P_s)$$

d. h. der Größtwert der Dichtigkeitsziffer ist jeweils:

$$z_{max} = \frac{P_1}{P_1 - P_s} \quad \cdots \cdots \cdots \quad 20)$$

Dies vorausgeschickt kann mit Bezug auf Abb. 13, eine Druckverteilung im Sitze nach Abb. 24 angenommen, bei Betrachtung einer Spaltlänge gleich der Längeneinheit, folgende Gleichung angesetzt werden:

$$f \cdot P_1 + f \cdot P_F = e \cdot P_2 + (f - e) \cdot [P_s + (P_1 - P_s) \cdot \mathfrak{z}]^{1)}.$$

Wird der einfacheren Schreibweise wegen $f \cdot P_F$ durch $e \cdot P_F$ ersetzt und $e \cdot P_1$ von beiden Seiten abgezogen, so ist:

$$(f - e) \cdot P_1 = e \cdot [(P_2 - P_1) - P_F] + (f - e) \cdot [P_s + (P_1 - P_s) \cdot \mathfrak{z}]$$
$$(f - e) \cdot (1 - \mathfrak{z}) \cdot P_1 = e \cdot (\Delta P - P_F) + (f - e) \cdot P_s \cdot (1 - \mathfrak{z})$$
$$(f - e) \cdot z \cdot (P_1 - P_s) = e \cdot (\Delta P - P_F)$$

---

[1]) Es sei hier nicht so sehr auf die richtige Gestalt der Drucklinien 1—5 der Abbildung 24, als vielmehr auf deren Kraftäußerung als Folgewirkung Wert gelegt.

und daraus:

$$z = \frac{e}{f-e} \cdot \frac{\Delta P - P_F}{P_1 - P_e} \quad . \quad . \quad . \quad . \quad . \quad . \quad 21)$$

die gesuchte Gleichung, sofern es sich um die Bestimmung der Dichtigkeitsziffer handelt. Ist dieselbe in ihrem Wesen und Größenwerte aus Versuchen bekannt, so kann der Öffnungsüberdruck ΔP ermittelt werden aus der Umschreibung:

$$\Delta P = \frac{f-e}{e} \cdot z \cdot (P_1 - P_e) + P_F \quad . \quad . \quad . \quad . \quad 22)$$

Daraus können zunächst die Konstruktionsgrundsätze für das leicht öffnende Auslaßventil abgeleitet werden. Um einen möglichst kleinen Druckunterschied ΔP zu erhalten, soll 1. P_F für das geschlossene Ventil so klein wie tunlich gewählt werden, wobei der Federdruck im Verhältnis zu den anderen Größen meistenteils als unbedeutend sich erweist; 2. soll, da die Dichtigkeitsziffer mit Rücksicht auf die Wichtigkeit guter Dichtung so groß wie erhältlich anzustreben ist, der Wert $\frac{f-e}{e}$ klein, d. h. $(f-e)$ klein und e groß gewählt werden. Die doppelte Sitzbreite $(f-e)$ wird zunächst durch die Herstellung begrenzt, welche mit Rücksicht auf die Ungenauigkeiten in der Ausführung zu kleine Werte vermeiden muß, in der Hauptsache aber wird sie durch die klein zu haltende Sitzabnützung, hervorgerufen durch den Schlag der Platte beim Schließen, bestimmt. Eine über das nötige Maß hinaus vergrößerte Spaltbreite e dagegen beeinträchtigt zu sehr die Flächenausnützung des Ventils und ist eben aus diesem Grunde untunlich.

Im Indikatordiagramm ist das Ventilöffnen durch das Abweichen der Kolbenverdichtung von der Kompressionslinie deutlich sichtbar gekennzeichnet. Hernach findet noch ein mehr oder weniger großes Ansteigen der Drucklinie bis auf den Wert P_{2max} statt, da der Kolben insbesonders bei hohen Geschwindigkeiten mehr verdichtet, als das noch nicht ganz geöffnete Ventil durchlassen kann. Dieser anfangs zunehmende Druckunterschied liefert die zur Beschleunigung der Platte nötige Kraft und nach dem Vollöffnen ist ein Sinken der Drucklinie bis auf den normalen Widerstandsdruckunterschied nach Formel (5) wahrzunehmen. Ein gleichzeitig hinter dem Ventil aufgenommenes Diagramm, siehe Abb. 27, zeigt mit geringer Verspätung ein entsprechendes Druckansteigen infolge Luftanstauung, das um so größer ist, je kleiner der Behälterraum zwischen Ventil und Leitungsanschluß ausfällt und das nötig ist, um die Strömungswiderstände von hier nach dem Windkessel zu überwinden[1]). Der Druckunterschied im Augenblicke des Öffnens wird daher bis auf den Wert ΔP_{max} vergrößert, welch letzterer für gegebene Verhältnisse am einfachsten als Vielfaches von ΔP durch Versuche zu ermitteln ist; d. h. es wird:

$$\Delta P_{max} = \text{const } \Delta P \quad . \quad . \quad . \quad . \quad . \quad . \quad 23)$$

---

[1]) Die plötzlichen Druckschwankungen während und nach dem Ventilöffnen erzeugen beim Indizieren des Zylinders und der Behälterräume die schon geschilderten Schwingungen des Indikatorgestänges.

Bei Anwendung von mehreren Ventilen in einem Satze ist nicht zu erwarten, daß das Öffnen für alle gleichzeitig erfolgt. Die Ursache dieses zeitlich verschiedenen Öffnens ist in der Hauptsache in der Veränderlichkeit von z zu suchen. Selbst wenn die Dichtigkeit sämtlicher Ventile nach der Herstellung als gut oder gleichartig gut zu bezeichnen ist, so kann im Betriebe wegen ungleichen Verschmutzens der Sitze oder ungleichmäßigen Aufsitzens der Ventilplatte, d. h. verschieden wirksamen Dichtschlagens als Folge ungleicher Schlußfeder, eine Verschiedenartigkeit in der Abdichtung nicht hintangehalten werden. Dichtet z. B. unter mehreren Ventilen eines besser als die übrigen, so öffnet es später; die Folge ist, daß die Verdichtungslinie im Diagramme verhältnismäßig etwas steiler verläuft und bald eine Höhe erreicht, bei welcher das geschlossen gebliebene Ventil mit dem größeren z ebenfalls öffnen muß. Öffnet von mehreren Ventilen eines zu früh, so ist grundsätzlich die gleiche Erscheinung nur im verschärften Ausmaße zu erwarten, und damit ist dargetan, daß im Betriebe keine Gefahr besteht, daß von mehreren Ventilen eines geschlossen bleibt. Außerdem nimmt in solchem Falle die Geschwindigkeit, richtiger der Druckunterschied, einen größeren Wert an als zum Öffnen gewöhnlich notwendig ist, in Anbetracht dessen, daß die Ziffer z eines allfällig geschlossen gebliebenen Ventils wegen Fortpflanzung des Druckes gegen die Sitzmitte zu mit der Zeit sich ohnehin verkleinert. Nur bei stark verminderter Drehzahl der Maschine wäre es möglich, daß ein Ventil mit übermäßig starker Feder während der ganzen Durchströmdauer geschlossen bleibt, doch ist auch dieser Fall, bei einer Bemessung der Schlußfeder nach Angabe des als zweckmäßigst bezeichneten Spannungsdiagrammes (siehe folgenden Abschnitt) schwer denkbar. Damit seien auch die Schwierigkeiten der später beschriebenen Ermittlung der Ziffer z hier schon angedeutet.

Hat P_2 die für das Abheben der Ventilplatte nötige Grenze erreicht und erfolgt das Öffnen, so verringert sich der Druck auf die Unterseite der Platte um den Betrag der Reibungsverluste gleich $\varDelta P_2$, und zwar ist an Hand Kapitel III:

$$\varDelta P_2 = \frac{\gamma}{2\,g} \cdot \xi_s \cdot \left(\frac{w_s}{\zeta_s}\right)^2 + \frac{\gamma}{2\,g} \cdot \xi_0 \cdot w_0{}^2,$$

da:

$$w_0 = \frac{\zeta_s \cdot s}{o_m} \cdot \frac{w_s}{\zeta_s} \quad \text{und} \quad \frac{w_s}{\zeta_s} = \frac{2\,h}{\zeta_s \cdot s} \cdot w_h,$$

so wird:

$$\varDelta P_2 = \frac{\gamma}{2\,g} \cdot \left[\xi_s + \xi_0 \cdot \left(\frac{\zeta_s \cdot s}{o_m}\right)^2\right] \cdot \left(\frac{2\,h}{\zeta_s \cdot s}\right)^2 \cdot w_h{}^2.$$

Aus Formel (5) wird unter Berücksichtigung der zusätzlichen Kanalreibung im Betrage a:

$$w_h{}^2 = \frac{2\,g}{\gamma} \cdot \frac{\varDelta P}{a \cdot A_h}$$

und somit:

$$\Delta P_2 = \left[\xi_s + \xi_0 \cdot \left(\frac{\zeta_s \cdot s}{0_m}\right)^2\right] \cdot \left(\frac{2h}{\zeta_s \cdot s}\right)^2 \cdot \frac{\Delta P}{a \cdot A_h};$$

vereinfacht an Hand Formel (8) auf:

$$\Delta P_2 = \frac{\zeta_s^2 \cdot A_s - 1}{a \cdot A_h} \cdot \left(\frac{2h}{\zeta_s \cdot s}\right)^2 \cdot \Delta P \quad \ldots \ldots \quad 24)$$

worin ebenfalls von einer Änderung des spezifischen Gewichtes während des Durchfließens Abstand genommen wird.

Hierbei ist vorausgesetzt, daß der ganze Betrag des Geschwindigkeitsverlustes als dynamischer Druck über die Plattenbreite e gleichmäßig verteilt wieder erscheint. Über dessen wirkliche Verteilung könnte am ehesten ein Versuch nach Angabe der Abb. 7 mit U-Rohranschlüssen an die verschiedenen Punkte der zu untersuchenden Ventilplatte Aufschluß geben. Im Hubspalt Q_h erfolgt dann entlang der Sitzbreite die weitere Geschwindigkeitsvergrößerung bis auf den Endwert w_h und die Druckverringerung bis auf P_1. Bei einer Mehrspaltplatte tritt dies im vollen Betrage nur im Außen- und Innenhubspalt ein, weil in den dazwischen liegenden Spalten zufolge Aufeinandertreffens der beiden gegeneinander gerichteten Ströme die hier auftretenden Drücke und Geschwindigkeiten um so mehr verschieden von P_1 und w_h werden, je größer ξ_s ist. Wohl könnte der Druck auch an dieser Stelle leicht gemessen und die Spaltgeschwindigkeit richtig gestellt werden, doch würde deren Berücksichtigung die Einfachheit der hier angewandten Berechnungen stark beeinträchtigen. Die hier eingeführten Begriffe $(1 + \xi_v)$, w_h, ζ_h usw. stellen in ihren Größenangaben nur Mittelwerte dar und ist nur erforderlich, all diese versuchsweise so zu ermitteln, daß das Ergebnis dieser vereinfachten Rechnungsanwendung von den tatsächlichen Werten möglichst wenig abweicht.

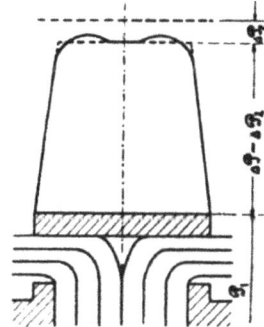

Abb. 25.

In Abb. 25 sind die Stromlinien in mutmaßlicher Annahme für $h = H$ eingetragen und die Drücke auf die Unterseite der Platte auf Grund dieser Voraussetzung eingezeichnet. Die gestrichelte Linie bezeichnet das Kraftdiagramm, welches der folgenden Gleichung für den Gleichgewichtszustand während des Öffnens zugrunde gelegt ist. Der öffnenden Kraft $(P_2 - \Delta P_2)$ wirken folgende Kräfte entgegen: die Behälterspannung P_1, der Federdruck P_F und die für die Beschleunigung der Plattenmasse m in kg/cm² erforderliche Kraft:

$$P_B = m \cdot \frac{d^2 h}{d t^2},$$

d. h. es ist:

$$f \cdot (P_1 + P_F + P_B) = (f - e) \cdot P_1 + e \cdot (P_2 - \Delta P_2)$$

58

daraus:
$$P_F + P_B = \frac{e}{f}\left[(P_2 - P_1) - \Delta P_2\right],$$

und ΔP_2 aus Formel (24) eingesetzt:

$$P_F + P_B = \frac{e}{f} \cdot \Delta P \cdot \left[1 - \frac{\zeta_s^2 \cdot A_s - 1}{a \cdot A_h} \cdot \left(\frac{2h}{\zeta_s \cdot s}\right)^2\right]^{1)} \quad . \quad . \quad 25)$$

Ist für eine gegebene Konstruktion der Federdruck P_F bekannt, so kann an Hand eines vereinigten Indikatordiagrammes, von den ΔP-Werten ausgehend, P_B als die für die Beschleunigung maßgebende Kraft ermittelt werden. Überhaupt kann P_F für die üblichen Plattenventile, sofern die Öffnungskräfte allein in Betracht kommen, vernachlässigt werden, und es wird unmittelbar nach dem Öffnen, d. h. für $h = 0$:

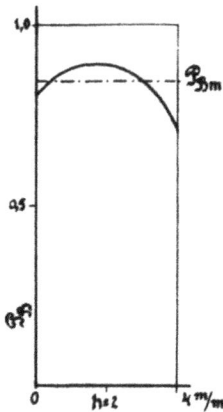

Abb. 26.

$$P_B = \frac{e}{f} \cdot \Delta P \quad . \quad . \quad . \quad 26)$$

Hernach nimmt ΔP zu, der Klammerausdruck dagegen wegen zunehmendem h ab, und es kann P_B für den Vollhub mit $\Delta P_{max} = \text{const } \Delta P$ und $h = H$ berechnet werden[2]), wobei nur zu beachten ist, daß A_h mit h sich ändert. Für $h = \frac{1}{2} \cdot H$ wird ΔP am einfachsten ΔP_{max} gleichgesetzt; damit erhöhen wir nicht nur die Sicherheit für die Ausrechnung, sondern kommen, insbesonders für ein verspätetes Öffnen, der Wirklichkeit näher. Diese drei Werte von P_B liefern, veranschaulicht in Abb. 26, als oberen Wert die mit jedem Öffnen zu vernichtende Energie E im Ausmaße von:

$$E = \int_0^H P_B \cdot dh = H \cdot P_{Bm} = \frac{m \cdot v_a^2}{2}$$

und aus dieser Gleichung kann die Auftreffgeschwindigkeit v_a, damit die Öffnungszeit und die mittlere Öffnungsbeschleunigung nach bekannten Formeln berechnet werden. Überhaupt kann P_{Bm}, besonders für höhere Ventilhübe, ohne nennenswertem Fehler durch $\frac{e}{f} \Delta P$ ersetzt werden, und es wird unter Hinweis auf Formel (22) und gleichzeitiger Vernachlässigung von P_F:

$$P_{Bm} = \frac{f - e}{f} \cdot z \cdot (P_1 - P_s) \quad . \quad . \quad . \quad . \quad 27)$$

---

[1]) In dieser Formel bezeichnet s die Weite des Sitzspaltes in der Ebene der Ventilplatte und ist diese als solche maßstäblich gleich groß mit der hier eingeführten Plattenbreite e. Nur wegen der Verschiedenartigkeit ihrer Bedeutung sind beide ansonst gleiche Größen hier verschieden benannt.

[2]) Damit sei nicht gesagt, daß ΔP_{max} und das Vollöffnen H im Diagramm zeitlich zusammenfallen, jedenfalls kann aber angenommen werden, daß diesbezüglich kein großer Unterschied besteht.

Die Energie E könnte durch Vergrößerung von P_{Bm}, abhängig von der Konstruktion und den Betriebsverhältnissen, ferner durch Erhöhung von H so weit gesteigert werden, daß das Produkt beider in seiner Wirkung verderblich auf die Widerstandsfähigkeit der Plattenteile wirkt. Es ist daher die Aufgabe zu stellen, diesen Ventilhub mit Bezug auf den durch die Betriebsverhältnisse festgelegten Druck P_{Bm} derart zu bemessen, daß die zu vernichtende Energie die Betriebssicherheit trotz der Hunderte Millionen von Öffnungsschlägen nicht gefährdet. Um diese Aufgabe aber in zufriedenstellender Weise zu lösen, muß vorher für jede vorhandene Konstruktion und jedes verwendete Material derjenige Größenwert von E gefunden werden, welcher im Dauerbetrieb die ersten Spuren des Schadhaftwerdens hervorruft. Zur Festlegung des hier zulässigen Ventilhubes erübrigt es dann nur mehr, diese Grenze zu unterschreiten.

Die Vernichtung dieser Energie geschieht in der Weise, daß ein Teil sich beim Auftreffen in Schlagwärme umsetzt, die durch die Erwärmung des Fängers wahrnehmbar wird, daß aber der größere Teil eine entgegengesetzte Bewegung der Platte erzeugt; d. h. die Platte prallt zurück und wird von dem ihr begegnenden Luftstrome aufgehalten und ein zweites Mal gegen den Fänger geschlagen. Dieses Zurückprallen kann einige Male auftreten, bis sich ein bleibendes Anliegen an dem Fänger einstellt. Dabei vergrößert dies wiederholte Zurückprallen nicht nur den Betrag des Durchgangswiderstandes, sondern erzeugt in den bewegten Teilen der Platte Massenschwingungen, welche am schädlichsten auf die Lebensdauer einwirken und wohl am meisten für die hier beobachteten Brüche verantwortlich werden.

Es wird daher die Frage von besonderer Wichtigkeit: Wie kann für gegebene Verhältnisse dieses Zurückprallen beseitigt bzw. verringert werden? Das im Betriebe von der Kolbenschmierung herrührende Öl, der in der Luft bei unmittelbarer Ansaugung stets vorhandene Staub und der durch die Verdichtungs- und Kolbenreibungswärme sich bildende Ölkoks haften den Oberflächen der Ventilbestandteile an und wirken so an den Berührungsflächen als Dämpfung, doch kann sich an diesen Stellen als Folge des Öffnungsschlages nur eine verhältnismäßig dünne Schichte anhäufen. Um die damit erzielte Pufferwirkung, mit einer Wärmeerzeugung gleichbedeutend, zu vergrößern, führten Hoerbiger-Rogler die sog. Polsterplatten ein, die zwischen Ventilplatte und Fänger angeordnet wird; deren vorteilhafte Wirkung geht aber teilweise dadurch wieder verloren, daß die Polsterplatte mit der Zeit an dem Fänger anklebt.

Eine vollkommene Vernichtung des Öffnungsschlages, d. h. eine vollkommene Umwandlung der Öffnungsenergie, zeigen die bei den Kompressoren älterer Bauart angeordneten Tellerventile in Verbindung mit einem undicht gemachten Luftpuffer, welcher jedoch in gleicher Weise den Schluß verspätet und daher, abgesehen von der Umständlichkeit und Größe der bewegten Masse, für neuzeitliche Ausführungen ausgeschlossen ist. Eine gleiche Absicht zeigen die besonders in den Ver. Staaten Amerikas verbreiteten Tellerventile ohne Hubbegrenzung mit kräftiger, steifer Schlußfeder, welche die Öffnungsenergie wohl aufnimmt, jedoch das Ventil eben aus diesem Grunde wieder zurückschnellt und in der Folge insbesonders bei unsachgemäß bemessener Feder ein verderbliches Schwingen verursacht, dem nur durch Anwendung von Stahlsitzen mit breiten Sitzflächen und mit Ventilen aus geschmiedetem und gehärtetem Chromnickelstahl zu begegnen ist.

Da für neuzeitige Ausführungen nur das Plattenventil in der einfachsten Anordnung in Frage kommt, kann eine Verringerung des Zurückprallens nur vermittelst einer wirksamen Polsterung in Erwägung gezogen und vielleicht noch die Wirkung einer Vermehrung der Anzahl dieser Polsterplatten untersucht werden.

Im Interesse der Verringerung des Öffnungsschlages sei hier noch der Einfluß der Ventilmasse auf die Größengestaltung von P_{Bm} beleuchtet. Die Verdichtungslinie nach dem Eröffnen verläuft um so flacher, je ungehinderter der Ausfluß der vom Kolben verdichteten Luft erfolgen kann, d. h. je rascher das Ventil den Fänger erreicht, womit als erstes Bestreben die Anwendung einer möglichst leichten Platte aufgestellt werden muß, welche in ihrer Bemessung nur durch die Forderungen der Festigkeitslehre bzw. durch die Anforderungen einer zweckmäßigen Werkstattbehandlung bestimmt wird. Bemerkt sei nur noch, daß für gewöhnliche Ausführungen die Ventilplatte für HD. und ND. aus herstellungs- und betriebstechnischen Gründen gewöhnlich gleich stark gewählt wird.

2. **Öffnen des Einlaßventils.** Gleiche Betrachtungen bezüglich des Verlaufes der Drücke im Sitze dieses Ventils ergeben als Mittelwert der mutmaßlichen Drucklinie im Augenblicke des Öffnens einen Betrag, welcher in seiner Wirkung das Eröffnen begünstigt, zum mindesten aber den zum Öffnen notwendigen Überdruck als verhältnismäßig gering erscheinen läßt. Der Wert E wird allerdings durch die Saugwirkung des fortschreitenden Kolbens vergrößert, verliert aber im Vergleich zum Auslaßventil praktisch genommen an Wichtigkeit.

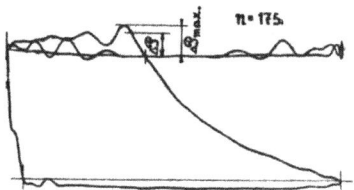

Abb. 27.

Versuche: Zur Bestimmung von z wurden die in Tabelle 6 angeführten Kompressoren im Zylinderraum und unmittelbar nach dem Auslaßventil auf dem gleichen Papierstreifen indiziert und die in Abb. 27 angedeuteten Größenwerte ΔP und ΔP_{max} dem Diagramm direkt entnommen. Wie Abb. 28 und die Schaulinien der übrigen Kompressoren anzeigen, ändern sich all die Überdrucke ΔP und ΔP_{max} mit ziemlicher Übereinstimmung mit der 1,4ten Potenz der Drehzahl[1]). Eine Abweichung der einzelnen Versuchspunkte von der Schaulinie, die als deren Durchschnittswert aufgezeichnet

---

[1]) Zumindest begeht man keinen großen Fehler bei einer solchen Annahme.

wurde, ebenso eine Abweichung der einzelnen Schaulinien selbst von dem auf Grund der Formel (21) jeweilen sich ergebendem Zusammenhange ist nur auf eine Verschiedenheit bzw. Änderung der Dichtigkeit im Betriebe

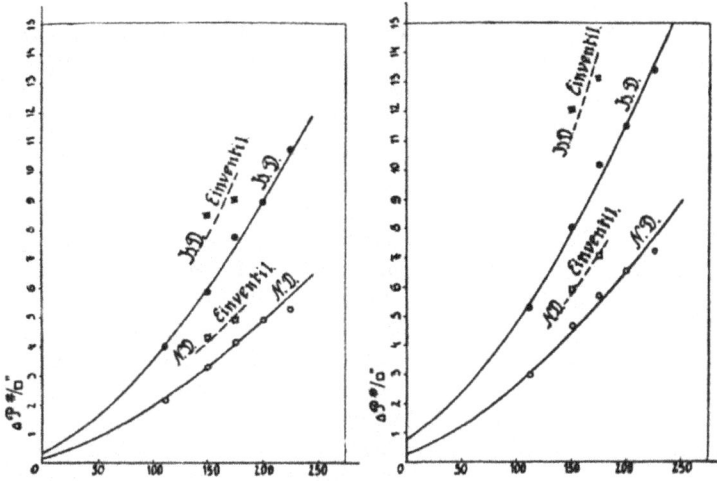

Abb. 28.

zurückzuführen, und zwar dichten, wie ein Vergleich lehrt, mitunter die ND.- in anderen Fällen die HD.-Ventile besser.

Tabelle 6. Werte von *z*.

Ventil	Größe	Seite	Drehzahl je Minute						Kolbengeschwindigkeit m/sec			
			100	125	150	175	200	225	1,5	2,0	2,5	3,0
Rogler	14 + 14 × 12″	N										
		H	.058	.079	.101	.125	.151	.178	.102	.151	.204	.261
	17 + 10 ¹/₂ × 14″	N	.072	.098	.125	.154	.186	.218	.102	.149	.203	.261
		H	.080	.109	.140	.174	.210	.248	.111	.168	.230	.296
	36 + 22 ¹/₂ × 30″	N	.143	.211	.263				.064	.110	.143	.188
		H	.121	.168	.218				.055	.086	.121	.159
	40 + 25 ¹/₂ × 36″	N	.290	.396	.510				.107	.160	.223	.290
		H	.203	.277	.355				.078	.114	.158	.203
B-R-H.	17 + 10 ¹/₂ × 14″	N	.210	.277	.365	.452	.545	.643	.285	.438	.600	.770
		H	.130	.175	.225	.277	.327	.390	.175	.268	.364	.465
	17 + 10 ¹/₂ × 14″	N	.305	.410	.520	.650	.775	.915	.420	.628	.850	1.095
		H	.270	.370	.475	.590	.710	.830	.380	.568	.775	1.000

Die aus Abb. 28 nach Formel (21) abgeleiteten *z*-Werte, die als Funktion der Drehzahl in der Schaulinie der Abb. 29 vereinigt sind, ebenso die gleichen *z*-Werte, in Abhängigkeit der Kolbengeschwindigkeit aufgetragen, zeigen naturgemäß den gleichen parabolischen Zusammenhang mit 1,4 als Exponenten, und diese z-Werte sämtlicher Schaulinien sind in Tabelle 6 in Abhängigkeit der Drehzahl und der Kolbengeschwindigkeit zusammengestellt. Ein gegenseitiger Vergleich der einzelnen Werte läßt zunächst auf die Richtigkeit der eingangs gemachten Voraussetzungen schließen und zeigt, daß nicht so sehr die Drehzahl als vielmehr die Kolbengeschwindigkeit den wesentlichsten, vielleicht sogar den alleinigen Einfluß auf die Größengestalt von z ausübt. Der bedeutende Unterschied von z der Rogler-Hoerbiger und der B-R-H-Ventile bei gleicher Kolbengeschwindigkeit kann nur mit dem vorhandenen Unterschied in der Sitzbearbeitung erklärt werden. Die Sitzkante der letzteren war nämlich mit der früher beschriebenen Riefelung ausgeführt, welche an Hand von Versuchen schon nach kürzester Einlaufzeit eine zufriedenstellende Dichtigkeit anzeigt, während die Rogler-Hoerbiger-Ventile mit geschliffenen Sitzen versehen, den gleichen Zustand erst nach mehrwöchentlichem Einlaufen erreichten. Die Kämme der besagten Riefelung erfahren durch das mehr oder weniger harte Aufsitzen eine Abflachung und erzeugen dieserart eine mehrfache metallische Abdichtung, welche allerdings die früher aufgestellte Forderung des Gleichbleibens der Punktberührung nur noch unterstreicht und ein allfällig notwendig werdendes Reinigen der Ventile ohne Auseinandernehmen der Einzelteile ganz besonders empfiehlt[1]).

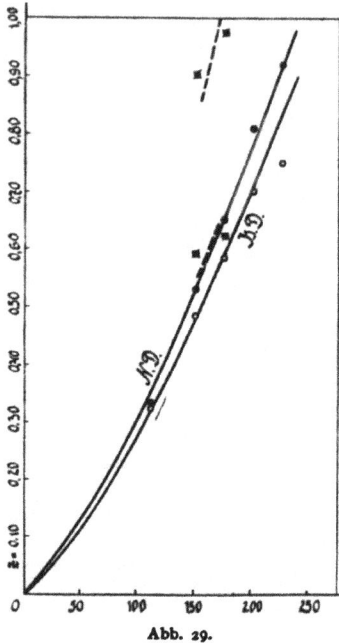

Abb. 29.

Zur Ermittlung des Einflusses der Hubspaltgeschwindigkeit auf die Größe von z wurde der Versuchskompressor $17 + 10\tfrac{1}{2}$ Durchm. $\cdot 14''$ am ND. mit einem und dann mit zwei Ventilen je Satz in gleicher Weise wie vorhin untersucht. Es zeigte sich, daß die Überdrücke beim Einventilversuch, bezogen auf die gleiche Drehzahl, um rd. 5 v. H. größere Werte erhalten, was vielleicht dadurch zu erklären ist, daß hier das härtere Aufsitzen ein besseres Abdichten zur Folge hat.

Für die im neuzeitigen Kompressorenbau vorerst als üblich zu betrachtende Kolbengeschwindigkeit von 3 m/sec kann hiernach als obere Grenze $z = 1,0$ gesetzt werden, womit bei einem 7 Atm. Verbundkompressor ungefähr $^2/_3$ des hier an Hand der Formel (20) möglichen Maximalwertes erreicht wird. Wohl

---

[1]) Das Reinigen erfolgt am besten durch Auflösen des angesammelten Schmutzes in Petrolöl und Abblasen desselben mittels Druckluft bei abgehobener Ventilplatte.

könnte dieser z-Wert bei längerem Einlaufen noch höher steigen, doch muß man sich anderseits vor Augen halten, daß im Dauerbetriebe das unvermeidliche Verschmutzen der Sitze nur eine Verringerung desselben zur Folge haben kann.

Die Unveränderliche der Formel (23) ist, wie Versuche zeigen, von der Ventilbauart und von der Zylinderanordnung abhängig, und zwar scheint es, daß die Größe des Behälters nach dem Auslaßventil, ebenso die Verringerung der Strömungswiderstände im Ventile selbst günstig einwirken. Für die untersuchten Fälle hat diese Unveränderliche eine Änderung von 1,3 bis 1,9 aufgewiesen. Um ausfindig zu machen, welchem größten Öffnungsschlage E das Ventil im Dauerbetrieb standhält, wurde eine »Ventilschlagvorrichtung«[1]) zu den Versuchen herangezogen, die nach folgendem Grundgedanken gebaut war: Der Überdruck der verdichteten Luft im Augenblicke des Eröffnens wurde hier durch eine Spiralfeder ersetzt, welche, entsprechend gespannt und durch Abschnappen freigelassen, die Ventilplatte vermittelst eines dazwischen geschalteten Fiberringes gegen den eigenen Fänger schleuderte. Es wird somit: E = mittlere Federkraft × Ventilhub,

mit dem Unterschied, daß die Fängerplatte im Kompressor eigentlich federt, während sie in der Schlagvorrichtung gegen einen soliden Block sich abstützte und damit ein härteres Aufschlagen bewirkte. Ausgedehnte Versuche mit einer Ventilgröße von 108 mm Durchm. zeigten, daß ein

$$E = 2 \text{ kg/cm}^2 \cdot 5 \text{ mm} = 10 \text{ kg} \cdot \text{mm je cm}^2$$

Plattenfläche die Widerstandsfähigkeit nicht gefährdet, welche Zahl jedoch nur für die hier verwendete Ventilbauart und Stoffbeschaffenheit Gültigkeit besitzt. Die gleiche Vorrichtung kann auch verwendet werden, um verschiedene Stoffe gegenseitig ihren Werten nach zahlenmäßig abzuschätzen. Im Betriebe hört sich schon ein kleiner Bruchteil dieser Energie als merklich hämmernd an, weil das durch das Aufschlagen erzeugte Geräusch infolge Resonanzwirkung der Zylinderwände wesentlich vergrößert wird. Diesbezüglich ist, wie die Werte der Tabelle 6 deuten lassen, nicht so sehr der Ventilhub, welcher im Schnellbetrieb an und für sich nur geringe Veränderungen aufweisen kann, als vielmehr die Kraft von ausschlaggebender Bedeutung und ist diese in der Hauptsache als eine Funktion der Ziffer z anzusehen. Hieraus folgt aber, daß »je dichter ein Ventil ist, desto härter sein Öffnungsschlag wird«. In gleicher Weise deutet ein Nachlassen dieses Schlages auf eine eingetretene Durchlässigkeit der Dichtungssitze.

Diese Unterlagen ermöglichen den Grenzwert des Ventilhubes auf Grund der Konstruktionsangaben für die jeweils vorliegenden Betriebsverhältnisse zu berechnen, ohne die Plattenteile in ihrer Widerstandsfähigkeit zu gefährden, und zwar vorläufig soweit das Öffnen in Betracht kommt. Es ist ohne weiteres erkenntlich, daß hohe Luftdrücke besonders ein gleichzeitiges Verringern der Kolbengeschwindigkeit und des Ventilhubes fordern.

---

[1]) »valve smasher« bezeichnet.

Um den Verlauf der Plattenbewegung nach dem erwähnten Zurückprallen zu verfolgen, war der Ventilhub als Funktion des Kolbenweges dadurch ermittelt worden, daß eine Zweiringventilplatte am Innenringe vermittelst einer 1,5-mm-Durchm.-Stange mit der Kolbenstange eines Indikators bei herausgenommenem Kolben verbunden wurde[1]). Vom ND.-Ein- und Auslaßventil des erwähnten Versuchskompressors wurden im Drehzahlbereiche von 30 bis 250 je Min. mit je einem und je zwei Ventilen im Satze Diagramme abgenommen, wofür im nächsten Kapitel einige Beispiele veranschaulicht werden. Aus den Diagrammen ist zu ersehen, daß nach dem ersten Aufschlagen stets ein Zurückprallen erfolgt, welches sich in stark oder weniger rasch abnehmendem Grade wiederholt, um erst nachher endgültig zur Ruhe zu gelangen, und zwar nimmt bei abnehmender Drehzahl die Schwingungsweite dieses Zurückprallens trotz des kleiner werdenden Öffnungsüberdruckes wohl wegen des geringeren dynamischen Druckes der Luftströmung allgemein zu.

Versuche mit verschieden geformten Schlußfedern, d. h. mit Federn, bemessen nach verschiedenen Spannungsdiagrammen zeigen, daß eine hohe Windungszahl mit flachem Diagramme stark zum Zurückprallen neigt, während eine geringe Windungszahl mit steilem Diagramm, wie leicht begreiflich, am ehesten ein ruhiges Aufliegen gewährleistet und daher besonders vorzuziehen ist. Als Vorteil dieser Bemessung ist weiters anzuführen: 1. die sich ergebende geringe Federkraft während des Aufsitzens, die so günstig für das leichte Ventileröffnen ist, und 2. die geringe Bauhöhe des Fängers, ansonst lediglich von der Länge der Schlußfeder bedingt und auf diese Weise vorteilhaft für die möglichste Verringerung des schädlichen Raumes.

Ist die Spannung der Schlußfeder so stark, daß die Platte nicht voll öffnen kann, d. h. ist die Federspannung in jedem Punkte nach dem Eröffnen größer als der Durchgangswiderstand des Ventils, so dauert dies Zurückprallen und im Zusammenhange damit ein Schwingen der Platte gewöhnlich über die ganze Öffnungsdauer an. Diese Erscheinung des wiederholten Zurückprallens, welche durch das daraus folgende Erzittern der Plattenteile so vernichtend auf die Lebensdauer einwirkt, fordert daher für die Feder eine Größenbemessung, die den Durchgangswiderstand des Ventils zumindest für einige Dauer nach dem Eröffnen nicht überschreitet, um der Platte so eine Gelegenheit zu bieten, sich zu beruhigen.

Bei Dampfkompressoren wird meistens eine Verringerung der Drehzahl bis auf $^1/_3$, $^1/_4$, $^1/_5$ der normalen gewünscht, und daher ist es nicht zu verhüten, daß selbst die für den regelrechten Lauf richtig bemessene Federkraft den Durchgangswiderstand bei verlangsamter Drehzahl weitaus überragt. Dies hat zur Folge, daß die Platte in solchen Fällen nicht mehr voll öffnen kann, anderseits aber nach dem Eröffnen infolge des Öffnungsüber-

---

[1]) Die hierdurch bedingte Vermehrung der bewegten Masse betrug 8 bis 10 v. H.; das Bild ist daher sicherlich entsprechend verzerrt, doch handelt es sich hier nur um das allgemeine Wesen der Bewegung. Die Aufnahme selbst erfolgte in erster Linie zur Verfolgung der Plattenbewegung im Bereiche des Schließens.

druckes mehr aufmacht und daher wegen Verringerung des Durchgangswiderstandes mehr Luft durchläßt, als der Kolbenverdrängung richtigerweise zukommt. In der weiteren Folge verringert sich der Druck im Zylinder, ebenso
der Druck auf die Ventilplatte und im Zusammenhange damit verkleinert
sich der Ventilhub, und zwar ebenfalls mehr als der Kolbenverdrängung
normalerweise entspricht. Auf diese Art wird ein Schwingen der Platte erzeugt, die den Sitz oder den Fänger oder abwechselnd beide, aber auch keinen
der beiden berühren kann, welche Erscheinung, als »Flattern« bezeichnet,
bei verringerter Drehzahl schon durch den Öffnungsüberdruck und in der
Folge durch das Öffnen über die erforderliche Hubhöhe hinaus verursacht
wird. Dies Flattern wird in der Dauer um so länger und im Aufschlagen
um so heftiger, je tiefer die Drehzahl unter die normale sinkt.

Durch einfaches Verringern der Federkräfte ist diesem Übelstande nicht
abzuhelfen; hierdurch verschiebt sich der Eintritt des Flatterns zeitlich nur
um einen geringen Betrag. Eine verschiedene Bemessung der Federkräfte
mit der Absicht, die Ventile mit stärkeren Schlußfedern bei langsamen Gang
als überzählig geschlossen zu halten, versagt ebenfalls, weil die schwächeren
Federn bei hoher Drehzahl ein Schließen mit zu hartem Aufschlagen verursachen. Die Erklärung dieses übermäßigen Flatterns liegt eigentlich meistens in der viel zu wenig stabilen Gleichgewichtslage der Platte, hervorgerufen durch die Wahl eines flach verlaufenden Schlußfeder-Kraftdiagram-
mes, welches das durch das Überöffnen verursachte Schwingen nicht mehr
beruhigen kann. Eine Abhilfe dieser verhängnisvollen Erscheinung ist, wie
schon angedeutet, am einfachsten durch die Anwendung einer genügend steifen
Schlußfeder erreicht, indem die mit dem Hub rasch zunehmende Federspannung jede vorhandene Neigung zum Flattern abdämpft.

V.

Ventilschließen.

Wie gestaltet sich das Schließen derselben Ventilplatte vom Einleiten der
Bewegung angefangen bis zum Aufsitzen? Während des Durchströmens bleibt
Formel (25), bezogen auf das vollgeöffnete Ventil, mit $h = H$ in Gültigkeit,
sofern ΔP den Druckunterschied vor und nach dem Ventil als Funktion
des jeweiligen w_h darstellt. D. h.:

$$\Delta P = \frac{\gamma}{2\,g} \cdot a \cdot A_h \cdot w_h^2$$

gesetzt, wird:

$$P_F + P_B = \frac{e}{f} \cdot \frac{\gamma}{2\,g} \cdot \left[a \cdot A_h - (\zeta_s^2 \cdot A_s - 1) \cdot \left(\frac{2\,h}{\zeta_s\,s} \right)^2 \right] \cdot w_h^2 \quad . \quad 28)$$

nur bedeutet hierin P_B den Druck auf die Flächeneinheit, mit welchem die Platte gegen den Fänger gepreßt wird. Wird beim Nähern des Kolbens gegen Hubende dieser Druck P_B gleich Null, vielmehr verringert sich w_h und demzufolge ΔP noch mehr, so beginnt ein Abheben der Platte vom Fänger. Diesem Abheben wirkt allerdings das Kleben der Platte an dem Fänger zufolge der Zwischenlage von Betriebsöl entgegen, und es ist angezeigt, durch entsprechend angebrachte bauliche Vorkehrungen einem solchen Übelstande zu begegnen. Nach dem Loslösen vom Fänger wird P_B negativ und bedeutet dann die Kraft, welche der Platte die Beschleunigung für die Schließbewegung erteilt.

Um die Bewegung der Platte beim Niedergang im Zusammenhange mit dem Kolbenspiel zu verfolgen, sei vorerst eine massenlose Platte mit $P_B = 0$ vorausgesetzt und anschließend an diese Betrachtung der Einfluß der Masse auf die Veränderung der Schließbewegung und auf die Größengestaltung der Schlußfeder behandelt. Desgleichen sei zur weiteren Vereinfachung die Einwirkung der Massenträgheit der Luftsäule in den Anschlußleitungen auf die Veränderung der Drücke im Zylinder vernachlässigt, d. h. der Kompressor vorerst ohne Anschlüsse gedacht und der Größenbetrag der Abweichung, bedingt durch diese Voraussetzung, später an Hand von Versuchen, ausgeführt für die eben vorliegende Bauart untersucht. Unter dieser Annahme sind die Drücke und die Dichte in diesem Teil des Diagrammes annähernd unveränderlich zu betrachten, und es kann mit Bezug auf die Gleichheit des Raumverdrängens des Kolbens einerseits und der durch das sinkende Ventil durchströmenden Luft anderseits an Hand Abb. 30 folgende Gleichung aufgestellt werden, die für das Einlaß-, wie für das Auslaßventil gilt:

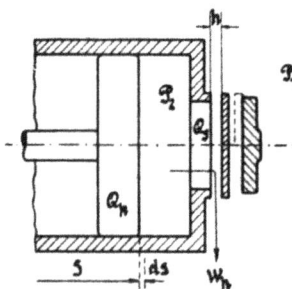

Abb. 30.

$$Q_k \cdot \frac{d\,s}{d\,t} \pm Q_s \cdot \frac{d\,h}{d\,t} = Q_H \cdot \frac{h}{H} \cdot w_h.$$

Hierin ist: $h = f(t)$, ferner: $w_h = f(h) = f(t)$.

Da die Raumverdrängung der Platte Q_s mit der verhältnismäßig geringen Fläche und dem kleinen Hube nach Integrierung nicht mehr als einige v. H. des Wertes $Q_k \dfrac{d\,s}{d\,t}$ ausmacht, so kann sie praktisch genommen vernachlässigt werden, und man erhält die vereinfachte Formel:

$$Q_k \cdot \frac{d\,s}{d\,t} = Q_H \cdot \frac{h}{H} \cdot w_h$$

und

$$Q_k : Q_H = i$$

gesetzt:

$$i \cdot \frac{d\,s}{d\,t} = \frac{h}{H} \cdot w_h \quad \cdot \quad \cdot \quad \cdot \quad \cdot \quad \cdot \quad \cdot \quad 29)$$

Die linke Seite hier stellt die Luftgeschwindigkeit durch den für den ganzen Kolbenweg vollgeöffneten Hubspalt Q_H als ideelle Größe dar, und diese Geschwindigkeit ist als Funktion des Kurbelweges in Graden gemessen in Abb. 31 mit der Bezeichnung w_H, gültig für das Deckelende, eingezeichnet. Diese w_H-Kurve ist von der Drehzahl und vom Kolbenhub unabhängig und

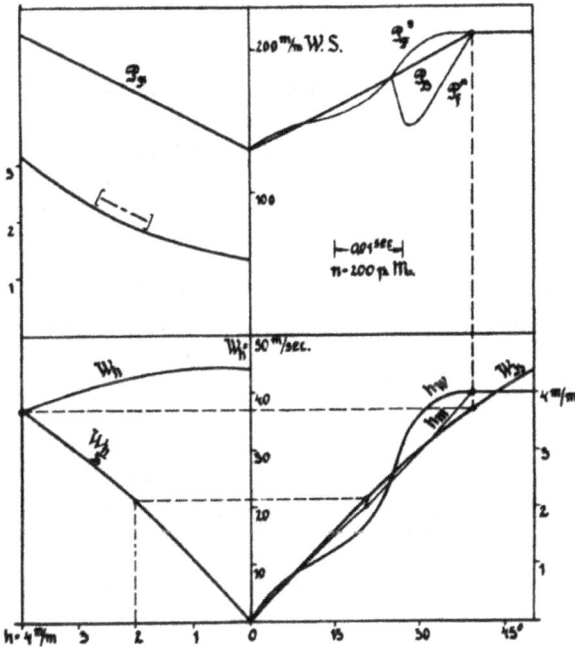

Abb. 31.

daher für jede Maschinengröße bei Anwendung von ein und demselben w_m dieselbe; für einen veränderten Wert von w_m wird es nur nötig, den Maßstab jenem anzupassen. Der Größtwert, richtiger gesagt, der Wert für 90° Drehwinkel ist aus dem Zusammenhange abgeleitet, daß $w_{H-90°} = \dfrac{w_m \cdot \pi}{2}$ ist; daraus können die übrigen w_H-Werte in bekannter Weise aufgefunden werden. Die Abszissenachse stellt eigentlich die Zeit dar, ist aber hier der Einfachheit halber in Graden gemessen, welche nur in Übereinstimmung mit der jeweiligen Drehzahl zu bringen sind.

Die rechte Seite der Formel (29) stellt die wirkliche Luftgeschwindigkeit w_h durch den jeweiligen Hubspalt h dar, verringert im Verhältnisse von $\dfrac{h}{H} \cdot$

Laut Formel (28) erhält nun w_h als Funktion von P_F und in der weiteren Folge in Abhängigkeit vom Ventilhub für $P_B = 0$ den Betrag:

$$w_h = \sqrt{P_F \cdot \frac{f}{e} \cdot \frac{2\,g}{\gamma} \cdot \frac{1}{a \cdot A_h - (\zeta_s^2 \cdot A_s - 1) \cdot \left(\dfrac{2\,h}{\zeta_s\,s}\right)^2}} \quad \cdot \quad 30)$$

In Abb. 31 ist sodann das Spannungsdiagramm der Schlußfeder P_F, von diesem ausgehend vermittelst des Klammerausdruckes der Formel (30), in der Abbildung mit (— · —) bezeichnet, die w_h-Kurve und aus der Multiplikation $w_h \times \dfrac{h}{H}$ die $w_{\frac{h}{H}}$-Kurve als Funktion des Ventilhubes eingezeichnet, wobei nur zu beachten ist, daß A_h mit h sich ändert; ferner ist vorausgesetzt, daß nur ein Ventil vorhanden sei oder daß die Schlußfedern sämtlicher Ventile genau das gleiche Kraftdiagramm aufweisen, eine Forderung, welche bei einer Massenherstellung wohl nicht zu erfüllen ist. Ein Abheben der Ventilplatte vom Fänger tritt auf der sinkenden w_H-Kurve in dem Zeitpunkte vor dem Hubende ein, in welchem der Wert w_H gleich $w_h \cdot \dfrac{h}{H}$ bezogen auf den Ventilhub $h = H$ wird. Die Zeit von diesem Punkte bis zum Hubende stellt die Dauer des Schließens dar, und auf der zu dieser Zeit gehörigen Ordinate ist der dem Werte $w_h \cdot \dfrac{h}{H}$ für $h = H$ entsprechende Ventilhub eingezeichnet, wodurch wir den Ausgangspunkt der mit h_m bezeichneten »Ventilhubzeitkurve« der massenlosen Platte erhalten. Dabei wird die Zeit wieder mittels Drehwinkel gemessen. Weitere Punkte dieser h_m-Kurve werden gefunden, indem man zu einem tieferliegenden w_H-Werte den entsprechenden gleichgroßen $w_{\frac{h}{H}}$-Wert aufsucht und den diesem entsprechenden Ventilhub auf die Zeitordinate des vorigen w_H-Wertes aufträgt. Aus der so ermittelten h_m-Kurve läßt sich dann durch die Beziehung: $\dfrac{d\,h}{d\,t} = v$ die Geschwindigkeit und durch die weitere Beziehung $\dfrac{d^2 h}{d\,t^2} = \dfrac{d\,v}{d\,t} = p$ die Beschleunigung zeichnerisch einfach auffinden.

Es ist ohne weiteres klar, daß bei der Annahme einer massenlosen Platte der Augenblick des Abhebens durch eine entsprechende Wahl der Federkraft beliebig verändert werden kann. Je größer die Federkraft, desto früher beginnt die Schließbewegung und desto sanfter wird das Aufsitzen; je schwächer die Feder, desto später stellt sich das Abheben ein und desto größer wird die Aufsetzgeschwindigkeit. Da jedoch die Gestalt der h_m-Kurve jedesmal nur wenig verschieden von der Geraden sich erweist, ist diese Aufsetzgeschwindigkeit selbst für ein Abheben bis nahe an den Totpunkt heran noch immer kleiner als die Auftreffgeschwindigkeit beim Öffnen.

Hat die Platte dagegen eine Masse, so erfährt das Niedergehen unmittelbar nach dem Abheben infolge der Trägheit der Masse eine Verspätung;

die Platte verbleibt, verglichen mit der h_m-Kurve, mehr offen, demzufolge wird der dazu gehörige Durchgangswiderstand, richtiger die rechte Seite der Gleichung (28), bezeichnet hier mit P_f, kleiner als die verfügbare Federkraft P_F. In Abb. 31 wurde versucht, die Federkräfte P^*_F, ebenso den besagten Durchgangswiderstand P^*_f bei dem anfangs voll offenen und dann nur langsam sich schließenden Ventil für einen bestimmten Fall aus den Konstruktionsangaben als Funktion der Zeit zu ermitteln und zeichnerisch darzustellen. Der Unterschied dieser beiden Kräfte $(P^*_F - P^*_f)$, welcher die Beschleunigungskräfte P_B veranschaulicht, kann am Anfang der Bewegung in der einfachsten Form und in roher Annäherung als mit der Zeit linear zunehmend gedacht werden, womit die Beschleunigung selbst die

Form $p = j \cdot t$ annimmt[1]), aus welcher die Geschwindigkeit $v_s = \dfrac{j}{2} \cdot t^2$ und der Ventilhub gemessen vom Fänger abwärts $h = \dfrac{j}{6} \cdot t^3$ sich ableiten läßt.

Damit ist man imstande, die »Hubzeitkurve« h_w der wirklichen Platte, die genau genommen nur für den Anfang des Niederganges zutrifft, zeichnerisch im Annäherungsverfahren zu bestimmen, und ein Vergleich zeigt, daß die anfangs zurückbleibende Wegkurve h_w sich der massenlosen h_m-Kurve jedesmal rasch nähert. Für den weiteren Verlauf des Schließens decken sich die tatsächlich auftretenden Kräfte nicht mehr mit der obigen Annahme, d. h. das angeführte Verfahren wird für die Ableitung der weiteren h_w-Kurve hinfällig. Doch kann man mit Sicherheit behaupten, daß die aus der Ruhelage beschleunigte, rasch niedergehende Platte auf ihrem Wege die h_m-Kurve bald kreuzt, dadurch, im Vergleich zu dieser, den Ventilhub verkleinert, die Luftgeschwindigkeit vergrößert und demzufolge den dynamischen Druck auf die Unterseite soweit erhöht, daß die Platte in ihrer Weiterbewegung, je nach den wirkenden Kräften, bald verlangsamt, vielleicht auch aufgehalten, ja sogar wieder gehoben wird. Der Plattenniedergang selbst erfolgt, da $P_B = f(t)$, mit einer veränderlichen Geschwindigkeit, die einem Wellengesetze entspricht. Die h_w-Kurve nähert sich ein zweites Mal der h_m-Kurve, es findet wieder ein Kreuzen statt, und man kann in diesem Sinne sagen, daß die Platte bei ihrem Niedergehen um die h_m-Kurve mit einer infolge der Widerstände jedenfalls kleiner werdenden Amplitude schwingt, bis ein Schließen stattfindet, wobei das Aufsitzen selbst je nach Verlauf dieser Schwingung mit einem mehr oder weniger starken Schlage erfolgt.

Im Zusammenhange mit dieser Plattenbewegung ist noch der Einfluß der Luftsäule in den Leitungen genauer zu untersuchen. Diese Luftsäule wird mit jedem Kolbenspiel zunächst in eine Bewegung versetzt, die nur durch den vom Kolben erzeugten Druckunterschied hervorgerufen werden kann. Anderseits übt gegen Ende des Hubes diese bewegte Luftsäule infolge der Trägheit der Masse eine entgegengesetzte Einwirkung auf den Zylinder-

---

[1]) Die Zahlengröße von j wird vermittelst der Kurven P^*_F und P^*_f aufgefunden, welche beide für den Anfang der Bewegung als Gerade zu betrachten sind. Siehe Abb. 38.

inhalt aus. Mit anderen Worten: diese Luftsäule gerät mit jedem Kolbenspiel als Folge der periodisch wechselnden Kolbengeschwindigkeit in ein
Schwingen, welches den durch das Ventil strömenden Rauminhalt, bezogen
auf die Gleichheit des Kolbenverdrängens (s. Ableitung der Formel (29)),
anfangs verringert, um ihn gegen Hubende entsprechend zu vergrößern, welche
Erscheinung im Diagramm, wie wir später sehen werden, durch eine anfäng-
liche Verringerung und daran anschließende Vermehrung der Durchströmung
bemerkbar wird und eben hierdurch den Einfluß der Luftsäule der Leitung
auf den Zylinderinhalt veranschaulicht. Dadurch wird aber auch das besagte
Schwingen der Luftsäule und der von einer Schwingung begleitete Plattenniedergang in eine gegenseitige Beziehung gebracht, so daß hier eigentlich
zwei voneinander unabhängige Schwingungen zusammenspielen und als
Resultat der gegenseitigen Einwirkung alle hier möglichen Kombinationen
aufweisen können. Sofern die Platte in Betracht kommt, kann daher ein
Vergrößern oder Verkleinern, vielleicht sogar ein Vernichten der Schwingungen stattfinden. Was die Luftsäule anbelangt, so kann z. B. der Druck
am Ende der Einströmung infolge der Massenträgheit der Leitungsluft sogar
über die Saugspannung steigen und ein y_{vi} mitunter größer als 100 v. H.
erzeugen. Diese Erscheinung ist gewöhnlich mit einem verspäteten Ventil-
schluß verbunden, welcher beim Einlaß wegen des geringen Druckanstieges
nach Kolbenumkehr für gewöhnlich nicht gefährlich wird.

Versuch: Um die besagte Rauminhaltvermehrung im Bereiche des
Hubendes, bezogen auf die Raumgleichheit der Kolbenverdrängung mit der
durch das Ventil strömenden Luft zu ermitteln, wurden die Platten des erwähnten Versuchskompressors am ND.-Einlaß mit Federn wechselnd von
89 bis 211 und am ND.-Auslaß mit solchen wechselnd von 195 bis 725 mm
WS im Drehzahlbereiche von 30 bis 250 je Min. wie im vorigen Kapitel
bereits beschrieben, indiziert und auf dem so erhaltenen »Ventilhubkolbenweg«-
Diagramme, das in einigen Mustern in Abb. 32 für den Einlaß[1]) und in
Abb. 33 für den Auslaß[2]) veranschaulicht ist, der jeweilige Abhebepunkt

---

[1]) Diagramm 1 zeigt das besagte Flattern bei verminderter Drehzahl, welches während der Schließbewegung als Schwingen sich fortpflanzt und im Diagramm 2 bereits
wesentlich verringert erscheint. Diagramm 3 läßt schon das Beginnen einer Beruhigung
infolge zeitweiligem Anliegen am Fänger wahrnehmen, welches im Diagramm 4 deutlich
hervortritt; die folgende Schließbewegung scheint einwandfrei und vielleicht nur mit
einem geringen Ventilschlag verbunden zu sein. Diagramm 5 veranschaulicht die Tendenz zum besagten Frühschluß und Diagramm 6 einen ausgesprochenen Spätschluß mit
hartem Aufschlagen.

[2]) Diagramm 1 zeigt ebenfalls ein verstärktes Flattern, welches im Diagramm 2
wesentlich verringert und im Diagramm 3 beinahe verschwunden ist. Diagramm 4 kann
als ein zufriedenstellender Schluß (wie dieser nur selten zu beobachten ist) bezeichnet
werden, während Diagramm 5 gleichfalls die Tendenz zu einem Frühschluß und Diagramm 6 einen Spätschluß einwandfrei darstellt.

In den Diagrammen beider Abbildungen ist das im Kapitel IV erörterte Zurückprallen jedesmal nach dem Eröffnen deutlich zu beobachten, und zwar ist hierbei vor
Augen zu halten, daß die aufgeschriebenen Schwingungen infolge Massenträgheit des
Indikatorgestänges sicherlich vergrößert werden bzw. den Verlauf der Plattenbewegung
nur verzerrt darstellen.

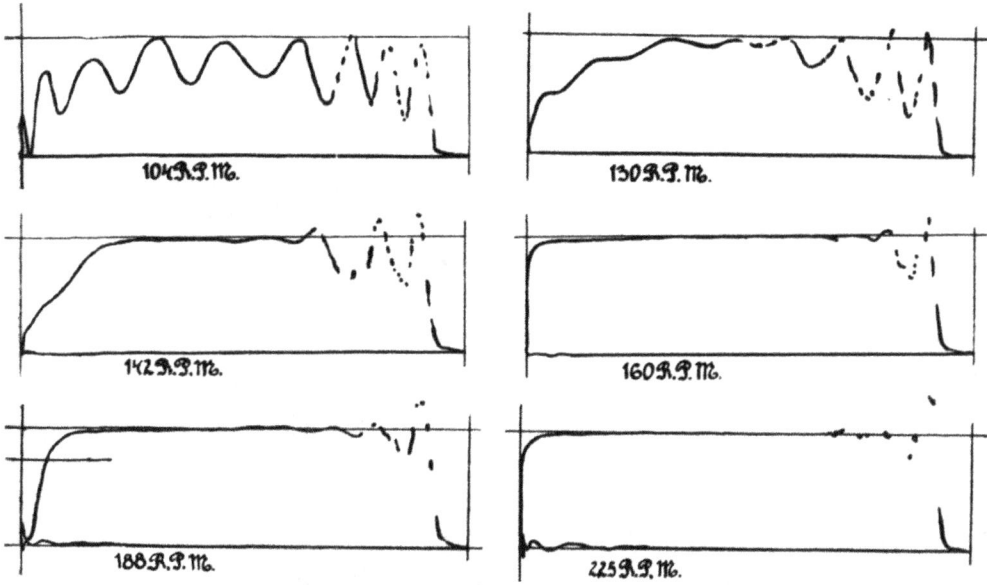

104 R.P.M.   130 R.P.M.

142 R.P.M.   160 R.P.M.

188 R.P.M.   225 R.P.M.

Abb. 32.

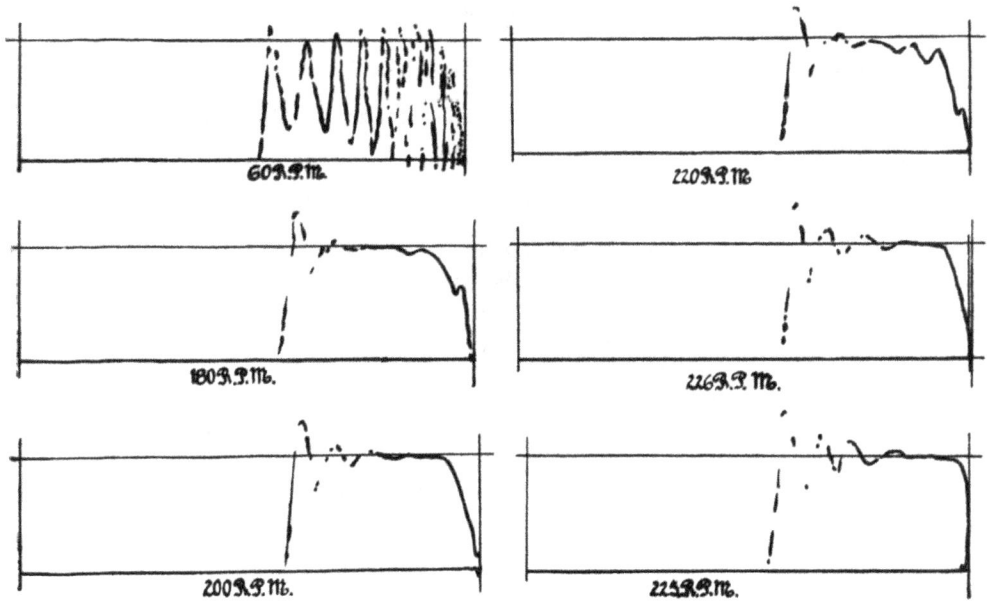

60 R.P.M.   220 R.P.M.

180 R.P.M.   226 R.P.M.

200 R.P.M.   224 R.P.M.

Abb. 33.

unmittelbar bestimmt, wobei die hier vorliegende Zylinderanordnung zwischen Ventil und Leitungsanschluß einen Behälter ungefähr gleich der Kolbenhubverdrängung aufwies. Das Ergebnis dieser Untersuchung sei im folgenden zusammengefaßt:

In Abb. 34 stellt w_H die aus Abb. 31 bereits bekannte w_H-Kurve und die Linie w_a die Geschwindigkeit w_A im Augenblicke des Abhebens dar, welche für die eben zu untersuchende Schlußfeder sich aus der Formel (30) mit einem zu $h = H$ gehörigen P_F-Werte zu $w_a = 40$ m/sec errechnet. Die

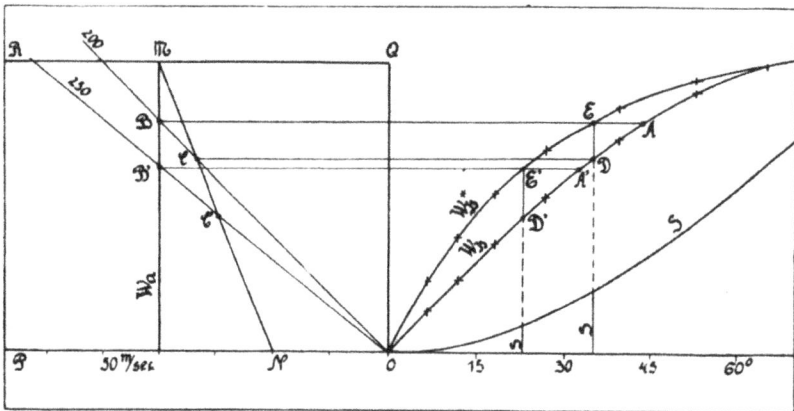

Abb. 34.

Drehzahlhilfslinie 200, ausgehend von 0, ergibt im Schnittpunkt mit der Linie Q—R den dieser Drehzahl 200 entsprechenden $\left(\dfrac{w_m \cdot \pi}{2}\right)$-Wert, sofern die Ordinate O—Q der Linie Q—R dem Werte w_H bezogen auf 90^0 gleichgesetzt wird. Um nun den Größenwert dieser Geschwindigkeit $\dfrac{w_m \pi}{2}$ zu erhalten, ist der Schnittpunkt der Linien 200 und Q—R auf die Achse O—P heruntergelotet und besitzt letztere die entsprechende Einteilung in m je sec. Diese Hilfslinien ermöglichen übrigens, die jeweils zu einer Drehzahl und zu den verschiedenen Punkten der w_H-Kurve gehörigen Geschwindigkeitswerte durch entsprechende Lotung von w_H auf 0—200 und von hier auf O—P unmittelbar abzulesen. An Hand der abgenommenen Diagramme kommt nun z. B. für die Drehzahl 200 der Abhebepunkt nicht in A auf der Horizontalen durch B und im Schnittpunkt mit w_H, sondern in E auf der Ordinate durch D zu liegen. Die Lage dieses Punktes D wird am einfachsten vermittelst der S-Kurve (hier gültig für die Deckelseite) aufgefunden, dessen s-Wert die Entfernung des Kolbens vom Totpunkt im Augenblicke des Abhebens als Funktion der Kurbeldrehwinkels darstellt. Für die Kolbenstellung s bedeutet daher die Ordinate des Punktes E die wirkliche Stromgeschwindigkeit durchs Ventil und die Ordinate $D-E$ deren Vergrößerung über die Stromgeschwindigkeit, welche aus der besagten Raumgleichheit abgeleitet ist. Die Ordinate $D-E$ bedeutet auch die erwähnte Vermehrung der zur Kolbenstellung s zeichnerisch gehörigen Luftmenge, während die Abszisse $A-E$ die zeitliche Verspätung des durch die Geschwindigkeit w_a zeichnerisch bestimmten Augenblickes des Abhebens anzeigt. Die besagte Vermehrung der durchströmenden Luftmenge drückt sich daher in einer zeitlichen Verspätung des Abhebens aus. Der Größenwert von D ist durch Lotung nach C auf $\text{o}-200$ und von hier auf $O-P$ auffindbar. So sind aus den Diagrammen für die gleiche Schlußfeder, d. h. gleiche w_a, und für die verschiedenen Drehzahlen (z. B. für 250) die Abhebepunkte (E') aufgesucht, ebenso die auf der w_H-Kurve gelegenen Punkte (A' und D') ermittelt und die diesen entsprechenden (C')-Punkte auf den betreffenden Drehzahlhilfslinien (250) bezeichnet. Es zeigte sich zunächst, daß für die vorliegende Schlußfeder all diese C-Punkte auf die Linie $M-N$ zu liegen kommen, deren M-Punkt im Schnitte von w_a mit $Q-R$ liegt und deren N-Punkt die Abszisse $O-N = \dfrac{w_a}{2}$ aufweist. Ebenso ergaben all die anderen Versuche mit den verschiedenen Schlußfedern mit guter Übereinstimmung den gleichen Zusammenhang, welcher hier derselbe für Einlaß und Auslaß bleibt und selbst für die Versuchsreihe mit nur einem Ventil im Satze keine nennenswerte Abweichung kundgab, wobei jedoch auf die mit ziemlichen Fehlern behaftete Bestimmung der richtigen Lage des Abhebepunktes im Diagramm besonders hingewiesen sei. Werden diese E-Punkte umgekehrt aus den Schnittpunkten der Geraden $M-N$ und w_a mit den Drehzahlhilfslinien abgeleitet, so ist leicht zu ersehen, daß der Größenwert der Abhebegeschwindigkeit w_a auf die Lage der E-Punkte keinen Einfluß ausübt, d. h. daß die w^*_H-Kurve als die Verbindungslinie dieser E-Punkte von der Schlußfeder, ebenso von der Drehzahl unbeeinflußt bleibt. Allerdings ist dieser Zusammenhang anscheinend nur für die oben angegebene Behältergröße gültig, wobei die Bestimmung des Einflusses einer diesbezüglichen Veränderung weiteren Versuchen vorbehalten sei. Beobachtungen an Zylindern mit sehr kleinen solchen Behälterräumen zeigten im Betriebe ein starkes Zittern der Leitung, welches sich durch Anbringen eines Windkessels am Zylinder (als eine Vergrößerung des besagten Behälterraumes beabsichtigt) sofort beruhigte. Druckindizierungen im Behälterraum solcher Kompressoren ließen in der Leitung ein von der Drehzahl wesentlich beeinflußtes Schwingen vermuten, welches mitunter schon bei geringer Drehzahl ganz ansehnlich war, bei weiterer Steigerung meistens verschwand, um dann später in erhöhtem, an und für sich ganz bedeutendem Maße wieder zutage zu treten. Diese Untersuchungen empfehlen daher möglichst große Behälterräume in unmittelbarer Nähe der Ventile, kurze und weite Anschlußleitungen und einen Druckwindkessel in nächster Entfernung vom Kompressor, um das Strömen durch das Ventil tunlichst vom Kolben allein abhängig zu gestalten, vielmehr die anderweitigen gefährlichen Einwirkungen auf die Plattenbewegung weitestgehend zu verringern.

Die Kenntnis dieser Verspätung des Abhebens ermöglichte in Abb. 35 den Verlauf der richtiggestellten »Ventilhubzeitkurve« h^*_m für die massenlose Platte aus der eben erwähnten w^*_H-Kurve in gleicher Weise abzuleiten, wie dies in Abb. 31 für die ungestörte Rauminhaltgleichheit erläutert wurde. Ebenso ist hier vermittelst der von der w^*_H-Kurve entsprechend beeinflußten P^*_F- und P^*_f-Werte die Wegkurve h^*_w der Platte mit der Masse m in der

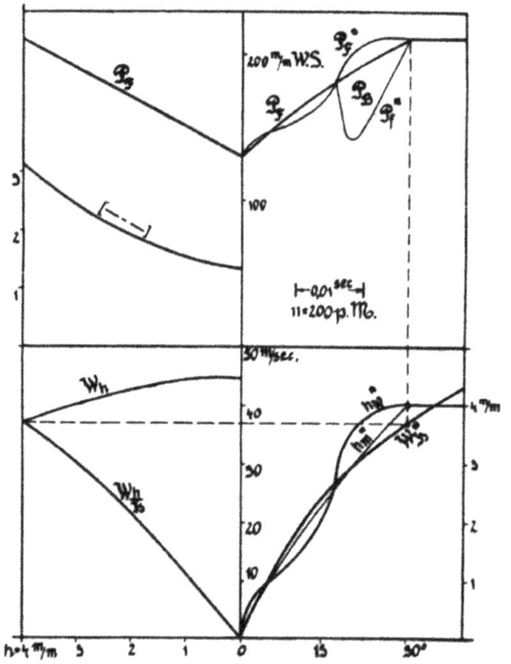

Abb. 35.

bereits geschilderten Weise abgeleitet, und zwar ebenfalls richtig nur für den Beginn der Bewegung, während die anschließende Fortsetzung dem Gefühle nach geschätzt wurde. Unter Zuhilfenahme der abgenommenen Indikatordiagramme kann nun gefolgert werden, daß ein Kreuzen der zweiten Amplitude von h^*_w mit der h^*_m-Kurve, zumindest kurz vor dem Totpunkt, jedenfalls ein zufriedenstellendes Schließen sichert, welches anderseits vielleicht um so geräuschloser wird, je weiter dieser Kreuzpunkt vom Totpunkt entfernt liegt in der Annahme, daß in solchem Falle ein allmähliches Annähern von h^*_w an h^*_m stattfindet. Liegt der besagte Kreuzpunkt nach dem Totpunkt, so erfolgt ein Frühschluß, dem sich gewöhnlich ein nochmaliges Öffnen anschließt. Ist der Abhebepunkt so nahe an das Hubende gerückt, daß die erste Amplitude von h^*_w die h^*_m-Kurve erst nach dem Totpunkt kreuzt, d. h. daß jene die Ordinatenachse bereits vorher schneidet, so erfolgt ein verspätetes Schließen, hervorgerufen durch das Zusaugen nach der Kolbenumkehr, welches insbesonders beim Auslaßventil und bei hohen Drehzahlen von einem so harten Aufsitzen begleitet wird, daß auch hier genau wie beim Öffnen mitunter ein Zurückprallen nach dem Aufschlagen, trotz der Belastung durch den Luftüberdruck, wahrnehmbar wird. Allerdings besteht ein wesentlicher Unterschied zwischen der Auftreffgeschwindigkeit beim Öffnen und der Aufsetzgeschwindigkeit beim Schließen. Während beim Öffnen die Platte gewöhnlich mit der ganzen Breite gegen den Fänger stößt, wird beim Schließen die lebendige Energie der ganzen Breite f nur von den beiden Sitzen $(f-e)$ aufgefangen, so daß sich die bezügliche Wirkung beim Schließen im Maße $\dfrac{f}{f-e}$ vergrößert. In diesem Verhältnisse muß auch die für das Öffnen zulässige Auftreffgeschwindigkeit bzw. die hier zu vernichtende Energie E, wenn auf das Schließen übertragen, verringert werden.

Um den Einfluß der Ventilmasse auf die Gestaltung der Hubzeitkurve zu beleuchten, ist zu beachten, daß die Federkraft des vollgeöffneten Ventils lediglich von der Durchflußgeschwindigkeit im Augenblicke des Abhebens, hier mit w_a bezeichnet, bestimmt wird, und soll dieser Zeitpunkt so weit vom Hubende entfernt sein, um ein Aufsitzen mit nicht allzu hartem Schlag sicher noch zu gewährleisten. Aus Formel 30 ist nun ersichtlich, daß die Ventilmasse den Größenwert dieser Geschwindigkeit in keiner Weise beeinflußt, anderseits liefert aber gerade der durch die erfolgte Wahl von w_a in der Hauptsache festgelegte Druckunterschied $(P^*_F - P^*_f)$ die Kräfte für die Beschleunigung der Platte und bestimmt daher die Beschleunigung selbst. Nach dem Beginn des Abhebens bleibt somit h^*_w um so mehr hinter h^*_m zurück, je schwerer die Platte ist; desto größer wird aber auch die Amplitude und die Schwingzeit der h^*_w-Kurve, und ein zufriedenstellendes Schließen ist nur durch ein genügend großes Voreilen des Abhebens, d. h. nur durch eine entsprechende Verstärkung der Schlußfeder zu erzielen. Mit schwererem Gewichte wird aber auch die lebendige Energie $\dfrac{m \cdot v_s^2}{2}$ der Platte größer und in der Folgewirkung das Früh-, ebenso das Spätschließen im Dauerbetriebe um so verhängnisvoller. Die Platte soll daher nicht dicker gewählt werden, als die Anforderungen der Festigkeitslehre oder die der Herstellung es vorschreiben, und ist jeder mitschwingende Massenzusatz zu vermeiden bzw. sorgfältigst zu verringern.

Um den Einfluß des Luftdruckes zu ermitteln, ist in Abb. 36 versucht, für ein und dasselbe Einlaßventil die h^*_w-Kurven mit drei verschiedenen Dichten und bei der gleichen Abhebegeschwindigkeit aufzuzeichnen. Es ist ohne weiteres klar, daß der Unterschied $(P^*_F - P^*_f)$ als die verfügbare Kraft für die Beschleunigung der Platte mit steigendem Luftdruck zunimmt; damit verringert sich aber auch die Amplitude und die Schwingzeit, d. h. h^*_w folgt um so eher der h^*_m-Kurve, und ein ruhigeres Schließen ist um so leichter zu erzielen, je größer die wirkenden Kräfte, d. h. je höher die Luftdrücke werden. Für gegebene Verhältnisse ist es daher in erster Linie der in Betracht kommende geringste Luftdruck, welcher die Hubhöhe eines Ventils begrenzt, während bisher, sofern das Öffnen in Betracht kam, gerade die mit höherem Luftdrucke wachsende Energie E dieselbe Hubhöhe festlegte.

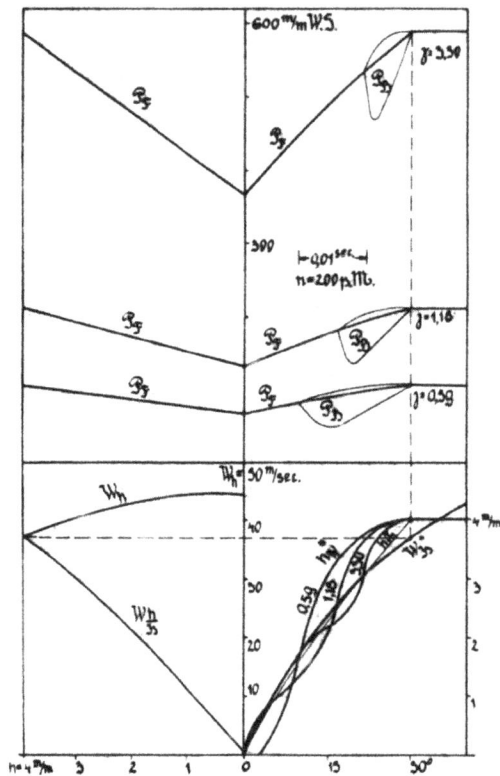

Abb. 36.

Im Zusammenhange hiermit ist bei höheren Luftdrücken, hauptsächlich beim Öffnen der Auslaßventile, ein wesentlicher Schlag zu beobachten, während die Einlaßventile nur beim Schließen einen solchen Schlag aufweisen können. Dies erklärt die nicht nur bei den zweistufigen, sondern auch bei den einstufigen Kompressoren sich bietende Beobachtung, daß Auslaß und Einlaß annähernd das gleiche Geräusch erzeugen. In Wirklichkeit sind es daher gerade die kleinsten Dichten, welche in erster Linie berücksichtigt werden müssen, und läßt dieser Zusammenhang die bei den Vakuumpumpen beliebte Anwendung des Corlißschiebers als Einlaß mit Rücksicht auf die vielgestal-

tigen Anforderungen des Weltmarktes als besonders empfehlenswert erscheinen, wenn es auch sicherlich ohne Schwierigkeit möglich ist, ein Ventil
selbst für geringste Luftdichte richtig zu entwerfen.

Was den Vergleich von Einlaß und Auslaß bei sonst gleichen Verhältnissen
anbetrifft, so weisen vorerst die zweistufigen Kompressoren keinen nennens-
werten Unterschied auf, ausgenommen, daß das Zurückprallen hervorgerufen

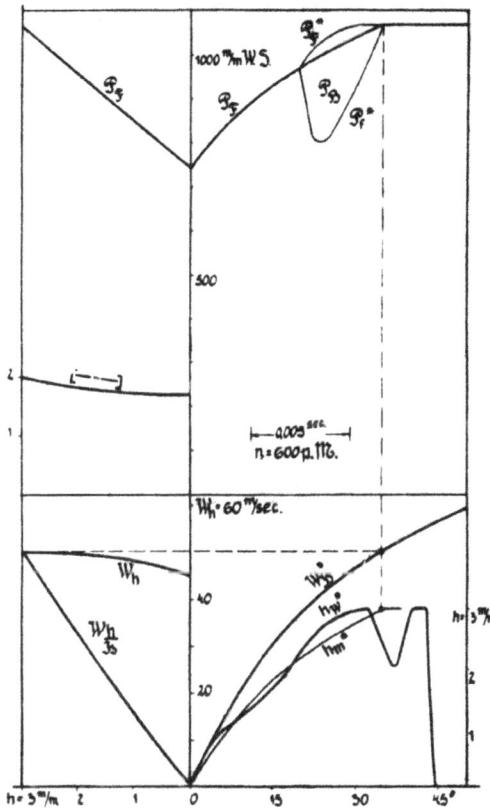

Abb. 37.

durch den Öffnungsschlag beim Auslaß mitunter bis zum Abheben andauert
und dieserart die Schließbewegung der Platte selbst nur ungünstig beeinflußt. Ein wesentlicher Unterschied ist nur bei den einstufigen Kompressoren mit hohen Verdichtungsgraden anzutreffen und zeigt Abb. 37 die
Hubzeitkurve des Auslaßventils eines Schnelläufers für 600 minutl. Drehzahl.
Ein genügend rasches Annähern von h^*_w an die h^*_m-Kurve ist selbst hier
leicht möglich, nur ist man auf Vermutungen angewiesen, inwieweit das
Zurückprallen nach dem Eröffnen auf die bisher angenommene Schließ-

bewegung einwirken wird. Es ist nämlich möglich, daß dies Zurückprallen sich ein zweites Mal wiederholt und damit das Abheben verzögert oder vielleicht auch beschleunigt, in beiden Fällen jedoch das Schwingen um die h^*_m-Kurve vergrößert und als Folgewirkung dann zu einem unregelmäßigen Schluß führt. Den gleichen Schwierigkeiten begegnet man beim Auslaßventil der Vakuumpumpen, welchen bei höheren Verdichtungsgraden viel zu wenig Zeit übrig bleibt, um rechtzeitig zu schließen, während ein Spätschluß mit dem unausbleiblichen Rückströmen die Ansaugefähigkeit rasch herabsetzt. (Kleinere Ventilhübe, welche eben wegen Zulassung größerer

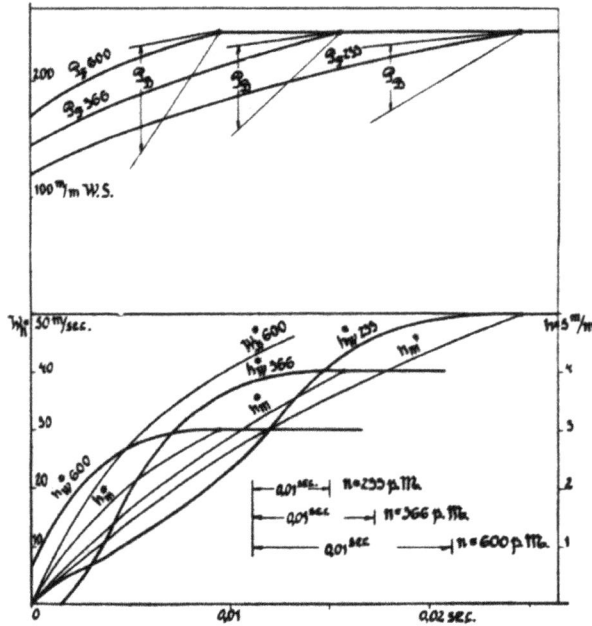

Abb. 38.

Spaltgeschwindigkeit wirtschaftlich keine besonderen Nachteile aufweisen, ferner eine sorgfältige Formgebung und Größenbemessung der Schlußfeder sind daher gerade hier unerläßlich.)

Was die Drehzahl anbelangt, so ist zu berücksichtigen, daß die Zeit vom Abhebepunkt bis zum Hubende mit zunehmender Drehzahl verhältnisgleich abnimmt, d. h. die größeren Drehzahlen fordern eine Einleitung der Schließbewegung bei höherer Abhebegeschwindigkeit oder sofern dies weder möglich noch beabsichtigt ist, einen entsprechend verringerten Ventilhub. In Abb. 38 sind die Hubzeitkurven eines und desselben ND.-Einlaßventiles für die minutl. Drehzahlen 233, 366 und 600 und den diesen angepaßten Ventilhüben aufgezeichnet, wobei w_m und auch w_a jeweils die gleiche Größe beibehielten. Die Abbildung zeigt, daß der für die Beschleunigung maßgebende Druckunterschied $(P^*_F - P^*_f)$ mit zunehmender Schlußzeit sich verringert, trotzdem könnte man diese Ventilhübe besonders für die niederen Drehzahlen über das hier gewählte Maß hinaus erhöhen, wenn nicht praktische Erwägungen dem widerstreben würden. Damit ist der Ventilhub und die Drehzahl in gegenseitige Abhängigkeit gebracht, welche für jede Luftdichte naturgemäß einen verschiedenartigen Zusammenhang aufweisen wird.

Hohe Luftgeschwindigkeiten sind im allgemeinen vorteilhafter für eine günstige Gestaltung der h^*_w-Kurve, weil damit die Schlußfederkraft, richtiger der für die Beschleunigung verantwortliche Druckunterschied, größere Werte annimmt.

In der Herstellung der das Schließen besorgenden Schlußfeder ist eine gewisse Ungenauigkeit in der Ausführung, selbst bei größter Vorsicht, nicht zu umgehen, vielmehr ist in den von ihr ausgeübten Kräften mit einem vielfach ganz wesentlichen Unterschiede zu rechnen, wodurch aber ein sorgfältiges Überprüfen zur Notwendigkeit wird. Eine hierzu geeignete Federprüfvorrichtung sei im folgenden kurz beschrieben: Die Schlußfeder in unmittelbarer Verbindung mit einer Federwage wird auf eine Länge zusammengepreßt, welche dem vollgeöffneten Ventile zukommt, und die Kraft in diesem Augenblicke auf einer entsprechend angeordneten Einteilung abgelesen. Des weiteren ist im längeren Betriebe besonders bei höheren Lufttemperaturen ein Nachlassen der ursprünglichen Federkraft eine immer wiederkehrende Erscheinung, wodurch aber die Schließbewegung eine entsprechende Veränderung erfährt, welche für die Platte mitunter zum Verhängnis werden kann. Diese Merkmale führen dazu, die für die Betriebssicherheit so wichtige Schlußfeder als zylindrische Spiralfeder aus rundem, gezogenem Stahldraht anzuordnen, nicht nur weil das hier verwendete Material die hochwertigsten Eigenschaften besitzt, daher die größte Dauerhaftigkeit bietet, sondern auch weil deren Herstellung die größtmögliche Genauigkeit in der Massenbehandlung aufweist und mit Bezug auf die Vielartigkeit der Betriebsbedingungen die bequemste Werkstattbehandlung gestattet. Was die Form anbelangt, so sei wiederholt, daß eine geringe Windungszahl mit steilem Kraftdiagramm das verhängnisvolle Zurückprallen nach dem Eröffnen, ebenso das lästige Schwingen während des Schließens jedenfalls am ehesten beruhigt. Es ist nur ratsam, die Feder nicht zu kurz zu bemessen, um nämlich bei einem geringen Nachlassen der Federkraft ein Aufsitzen sicher noch zu gewährleisten.

Da aber bei einer Massenherstellung der Ventile die Schlußfeder nicht einzeln behandelt werden kann, vielmehr diese selbst mit gewissen Abstufungen normalisiert werden muß, wird es notwendig, die Grenzen für die Anwendung jeder einzelnen Feder richtig anzugeben. Oder da auf Grund des Vorhergesagten die Abhebegeschwindigkeit als Funktion der mittleren Luftgeschwindigkeit w_m die Grundlage für die Bestimmung der Federgröße wird, ist es richtiger, die Grenzen dieser Abhebegeschwindigkeit für die jeweils vorliegenden Betriebsbedingungen anzugeben, welche in die Formel eingesetzt ein zufriedenstellendes Schließen eben noch sichern. Als obere Grenze kann zunächst die maximale Spaltgeschwindigkeit im Betrage von

$$\frac{w_m \cdot \pi}{2}$$ angesehen werden, welche ein Anliegen am Fänger beim Einlaß und zweistufigen Auslaß (hier nur infolge der Verspätung des Abhebens) auf kurze Zeit gewährleistet und eben hierdurch in den Plattenteilen die durch das Zurückprallen erzeugten Schwingungen vernichten soll. Ein Erhöhen der Federkraft über dieses Maß würde das verderbliche Zurückprallen — im früheren auch als Flattern bezeichnet — auf die ganze Öffnungsdauer ausdehnen und hierdurch die Schließbewegung der Platte noch unregelmäßiger gestalten. Die bezügliche untere Grenze ist so zu wählen, daß das Schließen mit nicht allzu hartem Schlag erfolgt. Sieht man von Dichten kleiner als die der atmosphärischen Luft ab, so zeigen die bisherigen Untersuchungen, daß eine Abhebegeschwindigkeit von ungefähr 80 v. H. der maximalen Hubspaltgeschwindigkeit diese Bedingung im Bereiche gewöhnlicher Betriebsverhältnisse erfüllt. Die so gewählten Grenzen gewähren daher der für einen vorliegenden Betriebsfall brauchbaren Feder in ihrer Kraftäußerung eine Verschiedenartigkeit von 60 v. H.; mit anderen Worten: das Verhältnis von einer Federgröße zur nächst höheren ergibt sich in der besagten Federtabelle mit 1 : 1,60.

Der Vollständigkeit halber sei hier noch bei Anwendung von mehreren Ventilen in einem Satze auf das zeitlich ungleiche Niedergehen der Platte hingewiesen, welches nichts anderes ist als die Folge dieser verschieden großen Federkräfte und ihrer ungleichen Veränderung im Betriebe. Dies bedingt, daß das Abheben zeitlich ungleich beginnt und die Geschwindigkeit während des Niedergehens verschiedene Werte annimmt, mit dem Ergebnis, daß das verspätete Schließen ein wirksameres Dichtschlagen und in der Folgewirkung ein späteres Öffnen aufweist. Um das Maß dieser zeitlichen Verschiebung zu verringern, ist es daher von Vorteil, beim Entwurf des Zylinders der geringeren Anzahl von Ventilen — sofern die Maßtabelle eine diesbezügliche Auswahl gestattet — den Vorzug zu geben, wodurch gleichzeitig die Herstellung billiger und die Wartung vereinfacht wird, indem gegen große Ventile auch bei höheren Drehzahlen vom Standpunkte der Betriebssicherheit nichts einzuwenden ist. Ein weiteres Mittel in diesem Sinne ist die Wahl der bereits empfohlenen steifen Schlußfeder, welche eine große Verschiedenheit in der Kraftäußerung schon bei geringer Änderung ihrer Länge aufweist und eben hierdurch die zeitliche Verschiedenheit beim Niedergehen der Platte selbst bei einiger Ungenauigkeit in der Ausführung wirkungsvoller verringert als alle anderen Vorkehrungen. Versuche mit verschiedenen Federmaterialien ließen erkennen, daß der entsprechend vergütete Chrom-Vanadium-Stahl gegen Wärmeeinfluß sich unempfindlicher erweist als der vielfach empfohlene Klavier- oder Musikstahldraht.

Eben wegen dieser unvermeidlichen Ungenauigkeit in der Herstellung und dem vielfach besonders im längeren Betriebe nicht zu umgehenden Nachlassen der Schlußfeder wird es außerdem nötig, für die Ventilplatte nur eine Konstruktion in Erwägung zu ziehen, welche selbst bei Anwendung besten Materials und zuverlässigster Herstellung ganz bedeutende Ventilschläge aushalten kann, ohne auch im längeren Betriebe Schaden zu erleiden.

In Abb. 39 ist die obere Grenze der Federkraft, bezogen auf das vollgeöffnete Ventil einer bestimmten Abmessung an Hand der Formel:

$$P_F = \frac{\gamma}{2\,g} \cdot \frac{e}{f} \cdot \left[a \cdot A_\lambda - (\zeta_s^2 \cdot A_s - 1) \cdot \left(\frac{2\,h}{\zeta_s \cdot s} \right)^2 \right] \cdot \left(\frac{w_m\,\pi}{2} \right)^2 \quad . \quad 31)$$

berechnet und für Einlaß und Auslaß getrennt als Funktion der mittleren

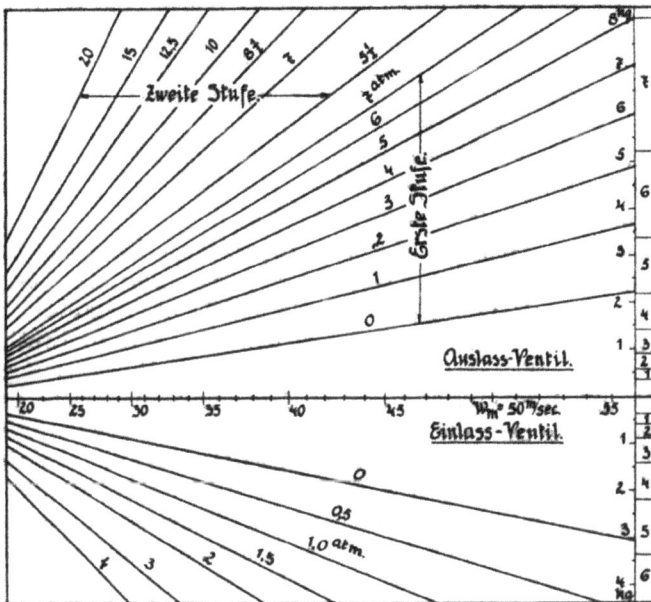

Abb. 39.

Hubspaltgeschwindigkeit w_m dargestellt. Der Umstand, daß P_F einerseits mit dem Quadrate von w_m und anderseits linear mit der Luftdichte anwächst, gestaltet die zeichnerische Behandlung besonders einfach. Die Größennummer der zur jeweils vorliegenden Spaltgeschwindigkeit und Luftdichte bzw. Luftdruck gehörigen Schlußfeder ist auf der rechtsseitigen Einteilung abzulesen, und zwar ist deren Kraft durch die dem Fuße der betreffenden Rubrik entsprechenden Ordinate angedeutet. Damit sind die beiden Grenzen der hier zugelassenen Abhebegeschwindigkeit mit 1,57 bis 1,25 × w_m festgelegt. Diese Erläuterungen mögen genügen, um die Lösung irgendwelcher hier gestellten Aufgabe auffinden zu können.

VI.
Neue Ventilbauarten.

Um im Maschinenbau eine Änderung in der Anwendung eines so wichtigen Elementes vornehmen zu können, müssen für das Abschaffen einer eingebürgerten Bauart und für die Einführung eines Ersatzes zwingende Gründe vorliegen.

Der beobachtete Nachteil des so vorzüglich bewährten Rogler-Hoerbiger-Ventils — insbesonders für kleine und mittlere Durchmesser — ist nicht nur in dem geringen Ausnützen der Ventilfläche zu suchen, das in dem Flächenbedarf des im innersten Ringe angeordneten Lenkers begründet ist, sondern in viel höherem Maße noch in dem kleinen, im Dauerbetriebe eben zulässigen Ventilhube. Noch ungünstiger wird die Beurteilung, wenn man den Ventilgütegrad y_v zum Vergleiche heranzieht und diesbezüglich die Abb. 11 und 16 einander gegenüberstellt, die je ein Rogler-Hoerbiger- und ein B-R-H-Ventil gleichen Durchmessers darstellen.

Die hohen Drehzahlen, welche durch den stets zunehmenden elektrischen Antrieb mit Rücksicht auf den Wettbewerb immer mehr gesteigert werden, verursachen in der Unterbringung der nötigen Ventile vergrößerte bauliche Schwierigkeiten und fordern daher gebieterisch möglichste Erhöhung des Ventilgütegrades. Dies veranlaßte Lizenznehmer von Hoerbiger-Rogler, vorerst den Ventilhub zu vergrößern, was jedoch nur Plattenbrüche als unliebsame Folgewirkung herbeiführte. Eine anderweitige Abhilfe versuchte Ingenieur A. E. Peters[1]) mit der Anordnung eines Doppelventils, bestehend aus einer normalen Rogler-Hoerbiger-Platte und einer zweiten unterhalb, bzw. innerhalb ihres Lenkerringes angebrachten Plattenventils, wodurch die Hubspaltfläche wohl vergrößert, aber auch der Durchgangswiderstand entsprechend erhöht wurde. Eine Eigentümlichkeit des Rogler-Hoerbiger-Ventils ist nämlich die, daß der zulässige Ventilhub nicht den Betriebsbedingungen angepaßt wird, sondern vom Ventildurchmesser auf Grund der eben gewählten Ausmittlung seiner Abmessungen abhängt, da die Kürze des im innersten Ringe angeordneten Lenkers ein Überheben erfahrungsgemäß nicht gut zuläßt. Eine Verschwächung dieses Lenkers, die allerdings eine vergrößerte Federung ergeben würde, verursacht als Folge des Öffnungsschlages ein übermäßiges Schwingen der frei schwebenden Lenkerarme und der angrenzenden Plattenteile und führt lediglich aus diesem Grunde zur Zerstörung.

Diese Erwägungen und Feststellungen weisen im Falle einer Neugestaltung unter Beachtung der früher aufgestellten Forderungen auf folgende Bestrebungen: 1. Volle Ausnützung der ganzen Ventilfläche für den Hubspalt;

---

[1]) Chiefdraftsman Ingersoll-Rand Ro., Phillipsburgh, N. J.

2. Zulassung eines jeden Ventilhubes, welcher im Ausmaß nur von den Betriebsbedingungen jeweils begrenzt wird; 3. Vermeidung von Teilen in Verbindung mit der bewegten Platte, welche nach Berühren mit der Fängerplatte als Folge des Öffnungsschlages weiterschwingen können.

Die in den früheren Kapiteln gefundenen Ergebnisse wurden als Grundlage benutzt, um das in Abb. 40a, b, c dargestellte B-R-H-Plattenventil[1]) durchzubilden, welches aus den Unzulänglichkeiten des Rogler-Hoerbiger-Ventils hervorgegangen ist, die sich in der amerikanischen Praxis eingestellt haben und das von Ingersoll-Rand Co., New York, als Ersatz übernommen wurde. Als dessen besonderes Merkmal ist zu bezeichnen, daß die Lenkerplatte, in gleicher Ausführung wie die Ventil- und Fängerplatte, zwischen diesen beiden angeordnet, nach erfolgtem Öffnen kein Schwingen mehr auf-

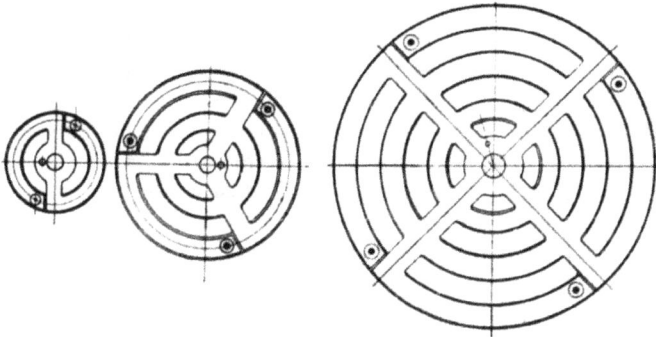

Abb. 40.

weisen kann, daß sie sich mit jedem Hube von der Ventil- und von der Fängerplatte loslöst, und daß sie daher mit diesen einfachen Mitteln die erreichbare größtmöglichste Polsterung ergibt. Dabei werden die bewegten Massen nur geringfügig vergrößert, weil nur kleine Teile der an und für sich dünnen Lenkerplatte an der ganzen Hubbewegung teilnehmen. Durch die starre Verbindung der Ringendpunkte der im Mittelpunkte befestigten Lenkerplatte mit der Ventilplatte wird die für die Dichtigkeit so wichtige Forderung der gleichbleibenden Punktberührung ohne weiteres erfüllt, und zwar wird die Verbindung der beiden Platten durch das Auflegen eines kleinen Knopfes verstärkt und bei Anwendung von weichem Kohlenstahl mit elektrischem Punktschweißen oder bei Anwendung von legiertem und vergütetem Stahl mit einer Spezialnietung bewerkstelligt[2]).

---

[1]) U.S.A., Patent des Verfassers.
[2]) Das Verschweißen der beiden Platten hatte wegen der unkontrollierbaren Temperatur leicht zu einem Verbrennen der benachbarten Teile und dann zu einem Herausreißen der Verbindungsstelle geführt; die Vernietung erfordert anderseits besondere Sorgfalt, um ein Lockern im Betriebe zu verhüten. —

Da die Spaltausbildung für sämtliche Ventile[1]) im Wesen genau gleichartig bleibt, so folgt, daß der Durchgangs- und Erwärmungsverlust wohl vom Ventilhub beeinflußt, von der Ventilgröße aber unabhängig wird. Aus dem gleichen Grunde wird auch der isothermische Nutzeffekt von der Größe der Maschineneinheit praktisch genommen nicht beeinflußt. Bei der Durchbildung der Größentabelle ist vom Ventilhub in den Abstufungen von 3, 4, 5, 6 und 7 mm ausgegangen worden, welche die einzelnen Spaltweiten und zusammen mit der Anzahl der Ringe den äußeren Durchmesser des Ventils bestimmen. Die Sitzkante selbst mit ihrer Abrundung und Innenausdrehung ist für alle Spaltweiten gleich geblieben; ebenso ist die Ausdrehung der Fängerplatte für die Aufnahme der Schlußfeder und der gleichachsig angeordnete Knopf der Plattenverbindung für alle Ventilgrößen vom gleichen Durchmesser, wodurch im Bedarfsfalle ein Auswechseln der an und für sich normalisierten Schlußfeder leicht vorzunehmen ist. Ventilsitz und Fängerplatte werden für die Einringventile aus gepreßtem Schmiedeisen, für die Mehrringventile normal aus Temperguß oder aus Gußeisen hergestellt.

Bei der baulichen Ausbildung des Ventilsitzes wurde der Größenbemessung der Rippen im Spalte und im Zusammenhange damit der Druckschraube, ebenso der Wahl der zu verwendenden Sitzdichtung besondere Aufmerksamkeit gewidmet. Für das Niederhalten des Ventilsitzes ist die Druckschraube in der Mitte grundsätzlich wohl unrichtig, weil ein Durchbiegen nicht zu umgehen ist und eben hierdurch Undichtigkeiten veranlaßt werden; doch ist anderseits klar, daß jede andere Art der Befestigung die freie Anwendung mehr oder weniger beschränkt. So ist u. a. das so einfache Einschrauben der Sitze (besonders im Pumpenbau in ausgedehnter Anwendung) hier wegen des unvermeidlichen Festfressens außer Frage gestellt, das durch das Verkoken der Gewinde verursacht wird. Aus praktischen Gründen allein bleibt daher die in Abb. 44 veranschaulichte, so allgemein angewandte Ventilbefestigung noch immer die zweckmäßigste, nur sind die Rippen so stark auszubilden, daß die unvermeidliche Durchbiegung keine weiteren schädlichen Folgen aufweisen kann.

Eine genaue Untersuchung der auf den Ventilsitz wirkenden Kräfte, welche von der Druckschraube und vom Luftdruck ausgeübt werden, in Verbindung mit den sich ergebenden Durchbiegungen lehrt, daß für die größte Beanspruchung der Spaltrippen gewöhnlich die Anpressung der Druckschraube allein verantwortlich ist. Demgemäß sind die Rippen in ihrer Größenbemessung eine Funktion der Druckschraube, und diese selbst ist von

---

[1]) Die in Abb. 1 dargestellten Kompressoren sind mit B-R-H-Ventilen projektiert, welche sich im Durchmesser von 70 bis 328 mm ändern und deren Hubbeilagen und Schlußfeder wegen des Veränderlichkeit von Luftdruck, Drehzahl und Kolbengeschwindigkeit eine große Verschiedenheit aufweisen. Um die Vielgestaltigkeit der Ventile im allgemeinen und der Ventilbestandteile im besonderen aus Herstellungsrücksichten zu beschränken, ist eine Normalisierung, d. h. eine Einteilung in Gruppen aller hier vorkommenden und möglichen Größen geboten. Sie wird am besten auf die Tabelle der Maschinenhauptabmessungen aufgebaut, welche ihrerseits wieder durch die in letzter Linie maßgebenden Marktverhältnisse bestimmt ist.

dem auf die Ventilfläche lastenden Luftdrucke abhängig, und zwar ist diese Druckschraube nur für das Einlaßventil mit dem auf die ganze Ventilfläche wirkenden Luftdrucke belastet. Grundsätzlich genügen für das Auslaßventil schwächere Druckschrauben, wovon natürlich kein Gebrauch gemacht wird.

Nach Versuchen von Kimball und Barr[1]) ist die ausgeübte Anpressungskraft P in kg einer angezogenen Schraube vom Durchmesser d gemessen in engl. Zoll bei bearbeiteten Berührungsflächen und Verwendung eines Normalschlüssels von der Länge gleich 15 d wohl vom Gefühle des Maschinisten abhängig, im großen Durchschnitte aber annähernd:

$$P = 7250 \cdot d \quad \ldots \ldots \ldots \quad 32)$$

Um eine Grundlage für die Berechnung der Spaltrippen zu erhalten, wurden in der Festigkeitsanstalt der Cornell-Universität Ithaca, New York, 17 gußeiserne Ventilsitze mit 1, 2, 3 Spaltöffnungen Bruchversuchen unterworfen und gleichzeitig die Durchbiegung gemessen, und zwar wurde die Belastung jeweils in der Mitte ausgeübt und außerdem noch auf die Innenringe vermittelst einer aufgeschliffenen Platte gleichmäßig verteilt. Nachrechnungen zeigten genügend übereinstimmend, daß in den Rippen praktisch genommen eine reine Abscherung vorausgesetzt werden kann, und zwar beträgt die Materialanstrengung der Rippen in kg/cm², an der Grenze der beobachteten linearen Durchbiegung mit k_{el} und an der Bruchgrenze mit k_{br} bezeichnet, im Mittel:

	k_{el}	k_{br}
für Einringventile	390	725
» Mehrringventile . . .	330	600,

dabei ist zu bemerken, daß enge Spaltöffnungen etwas größere, weite Öffnungen etwas geringere Werte ergaben. Die Durchbiegung betrug bei einer Materialanstrengung von $k_{el} = 390$ bzw. 330 angenähert:

0,06 je 100 mm der Einringanordnung und
0,10 » 100 » » Mehrringanordnung,

bezogen auf den äußeren Durchmesser des Ventilsitzes.

Bei Bemessung der Druckschraube in der Ausbildung nach Abb. 44 wurde grundsätzlich angenommen, daß deren regelrechte Anpressung die Spaltrippen nicht über die Elastizitätsgrenze hinaus beanspruchen soll, welche auf Grund obiger Versuche mit k_{el} ermittelt worden ist. D. h. wird die nach Formel (32) ausgeübte Kraft der Druckschraube der Sicherheit halber gleichgesetzt dem m fachen Luftdrucke p, der auf die Ventilsitzfläche vom Durchmesser D wirkt, so kann für die Berechnung der n-Rippen vom Querschnitte $b \cdot h$ folgende Gleichung aufgestellt werden:

$$\frac{D^2 \pi}{4} \cdot m \cdot p \cong 7250 \cdot d \leq n \cdot b \cdot h \cdot k_{el} \quad . \quad . \quad . \quad . \quad 33)$$

[1]) Siehe »Elements of Machine design«, S. 171.

Druckschrauben kleiner als $\frac{1}{2}''$ engl. sind der Abreißgefahr wegen zu vermeiden. Diese Bemessung ergibt allerdings zierliche Druckschrauben, sichert aber den Sitz vor übermäßigem Durchbiegen und um so mehr vor dem verhängnisvollen Durchdrücken.

Die angedeutete Durchbiegung des Ventilsitzes bedingt für die Ventilplatte anfangs ein verstärktes Aufsitzen an den äußeren Sitzkanten und dementsprechend ein größeres Abnützen an dieser Stelle, verliert aber nach dem Aufliegen wegen der wesentlich größeren Biegsamkeit der dünnen Ventilplatte jede praktische Bedeutung.

Für die Wirkungsgrade eines Kompressors ist es von besonderer Wichtigkeit, die Abdichtung des in den Zylinder eingebauten Ventilsitzes einwandfrei zu gestalten. Um diesbezüglich Klarheit zu verschaffen, wurden die in Abb. 41, 1 bis 6, dargestellten Dichtungen mit den Durchmessern 100,

Abb. 41.

150, 200 mm in einer Vorrichtung ähnlich der Abb. 7 für Luftdrücke bis 3 Atm. ausprobiert, und zwar unter Anwendung einer Druckschraube, welche nach Formel (33) mit $m = 3$ und $p = 7$ Atm. berechnet worden war. Dabei wurde gleichzeitig der Betrag der Undichtigkeit mittels Düse unmittelbar gemessen. Es ist wahr, daß im Betriebe vielfach günstigere Verhältnisse herrschen, weil durch die unvermeidlichen Verunreinigungen der Luft selbst nachgewiesen mangelhafte Dichtungen mit der Zeit — wenn auch nicht notwendigerweise — dicht gestaltet werden; anderseits ist zu beachten, daß die im Betriebe anzutreffenden hohen Temperaturen die Ergebnisse dieser Untersuchung im kalten Zustande nur ungünstig beeinflussen werden.

Die diesbezüglich vorgenommenen Versuche zeigen, daß Anordnung 1 mit 1, 2, 3 Zähnen von ca. 1 mm Höhe trocken und mit Dichtungsfarbe angestrichen beim ersten Anpressen gut dichtet, jedoch anfängt bei mehrmaligem Herausnehmen und Wiedereinsetzen stark zunehmend zu blasen. Es scheint, daß der Zahngrat den ebenen Sitz riefelt und bei einem veränderten Zusammentreffen Undichtigkeit verursacht. Anordnung 2 mit beiderseits flachem Sitz von ca. 5 mm Breite sichert nur mit Dichtungsfarbe gegen Durchlässigkeit, doch ist zu bedenken, daß diese Zwischenlage im Betriebe verkrustet und bei einem allfälligen Herausnehmen des Sitzes jedesmal entfernt werden müßte, was vielleicht nicht in allen Fällen als leicht tunlich anzusehen ist. Anordnung 3, bestehend aus geflochtener Asbestschnur mit vulkanisiertem Gummiüberzug, stumpf gestoßen und die Enden mit Klebleinwand zusammengehalten, gibt trocken und mit Farbe angestrichen zufriedenstellende Dichtigkeit. Es zeigt sich, daß Asbest in beiden Fällen selbst in gepreßtem Zustand porös bleibt, d. h. überall kleine Luftbläschen durchläßt. Als besonderer

Nachteil muß jedoch die geringe Widerstandsfähigkeit gegen äußere Kräfte
angesehen werden, welche nur noch mehr leidet, wenn die Schnur mit Schmieröl
vollgesaugt ist. Dichtung 4 besteht aus einem $\frac{1}{8}''$ Kupferrohr mit Bleidraht-
einlage und wies jedenfalls infolge übermäßiger Steifigkeit des Rohres von
allen die größte Durchlässigkeit auf. Anordnung 5 und 6 stellt eine Kupfer-
ringhülle mit Asbesteinlage dar und zeigte bezüglich Dichtigkeit und Hand-
habung zufriedenstellende Ergebnisse. Es wurde erwiesen, daß eine Blech-

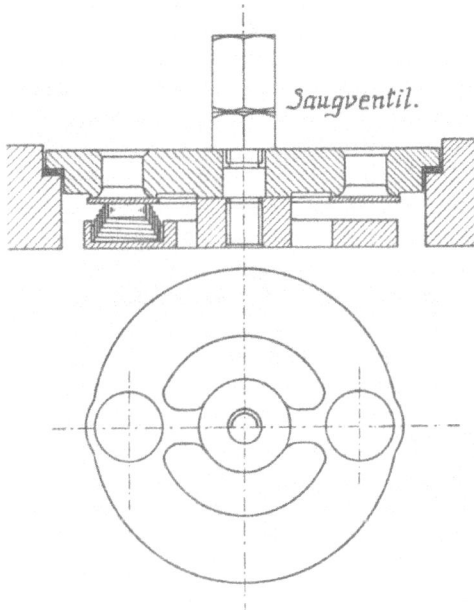

Abb. 42.

dicke von 0,33 mm wesentlich günstiger ist als eine solche von 0,55 mm,
ferner daß ein mehrmaliges Verwenden der gleichen Dichtung keine Verschiedenheit, ebenso ein Vergrößern der Druckschraube wesentlich über den Betrag
der Formel (33) hinaus keinen Vorteil anzeigt. Ein nennenswerter Unterschied ist nur darin zu erblicken, daß Dichtung 6 je nach Anordnung entweder
am Ventilsitz oder in der Ausbohrung des Zylinders — zum Vorteil der Dichtigkeit im Wiederverwendungsfalle — stecken bleibt.

Für Ventile, die auf der unteren Zylinderseite angeordnet sind, wird
für ein richtiges Einbauen eine Vorrichtung nötig, welche den Sitz in Stellung hält, bevor das Anpressen mittelst der Druckschraube bewerkstelligt
werden kann (s. Abb. 44).

In der vorher beschriebenen Ventilbauart ist die von Hoerbiger erdachte reibungslose Lenkerführung, als Hauptforderung der Betriebssicherheit und Wirtschaftlichkeit, dadurch geschaffen, daß die Roglersche Polsterplatte für die Führung der Ventilplatte mit der erforderlichen Abänderung herangezogen wurde. Wird in der weiteren Ausführung der hier möglichen Umgestaltungen diese Rolle der Schlußfeder selbst übertragen, so erhalten wir die in Abb. 42 veranschaulichte Lösung[1]), welche übrigens auch als bauliche Verbesserung des Simplateventils der Abb. 21 angesehen werden kann. Die Ventilplatte, von gleicher Form und Größenbemessung wie vorhin, erhält aufgeschweißte oder aufgenietete Knöpfe, welche gleichachsig mit Ausdrehungen der Fängerplatte angeordnet sind. Die Schlußfeder, am besten in der Kegelstumpfform, wird vermittelst des Umfanges ihres weiteren Endes in besagter Ausdrehung zentriert, während das engere Ende den besagten Knopf umgibt und auf diese Art bei einem Einpassen der Enden ohne Spiel und bei exakter Ausführung der Feder die angestrebte Parallelführung der Platte gewährleistet. Einem allfälligen Verschieben in der Ebene der Platte, welches wegen der seitlichen Steifigkeit der Kegelstumpffeder nur gering sein kann, ist dadurch Rechnung getragen, daß die Platte den Sitz beidseitig überragt und selbst aus hartem oder gehärtetem Material hergestellt wird.

Der gleiche Grundgedanke kann auch auf ein Scheibenventil angewendet werden, welches für Kleinkompressoren stehender Bauart vielfach gebraucht wird. Die Ventile sind gehärtet und geschliffen, Fänger jeweilen aus Weißmetallformguß und die Sitze aus Stahl, sämtlich vom Standpunkt billigster Herstellungskosten entworfen. Damit ist auch für Kompressoren kleinster Einheiten höchste Wirtschaftlichkeit angestrebt, welche jener der Großkompressoren nicht besonders nachstehen soll.

Wird dagegen Billigkeit die Hauptforderung, so dient das gewöhnliche und bekannte Tellerventil noch immer als Vorbild. Der Raumbedarf dieses ist im Vergleich zum erwähnten Scheibenventil angenähert der gleiche, da beim Tellerventil mit konischem Sitz, und zwar mit $a = 45^0$, 30 v. H. des Hubspaltes verloren gehen, während das Scheibenventil mit gut abgerundeter Sitzkante ein $\zeta_\hbar = 0{,}95$ aufweist und in diesem Ausmaß eines entsprechend kleineren Durchmessers bedarf.

In bezug auf Dichtigkeit ist das Scheibenventil entschieden das überlegene, und es frägt sich daher, ob der Unterschied seiner erhöhten Herstellkosten nicht durch die Mehrkosten der notwendigen Hubvolumvergrößerung des Zylinders aufgewogen wird, weil die Anordnung, die mit Tellerventilen ausgestattet ist, einen kleineren Wirkungsgrad y_{liefer} verursacht, welcher doch nur außerdem noch einen erhöhten Kraftbedarf als dauernde Mehrauslage bedeutet.

---

[1]) Patent angemeldet des Verfassers.

VII.

Anordnung der Ventile im Zylinder.

Vom Standpunkte der Wirtschaftlichkeit als hauptsächlichste Forderung können wir diesbezüglich zwei Gruppen unterscheiden:

1. Die Anordnung, bei welcher die Eintrittsluft auf ihrem Strömungswege durch den Zylinder von der austretenden Luft räumlich getrennt bleibt. Hierher gehört zunächst die sog. Deckelanordnung der Ventile, und der in Abb. 43 dargestellte Zylinder eines elektrisch angetriebenen Kompressors zeigt eine von Ingenieur A. E. Peters baulich durchgebildete Lösung[1]). Die

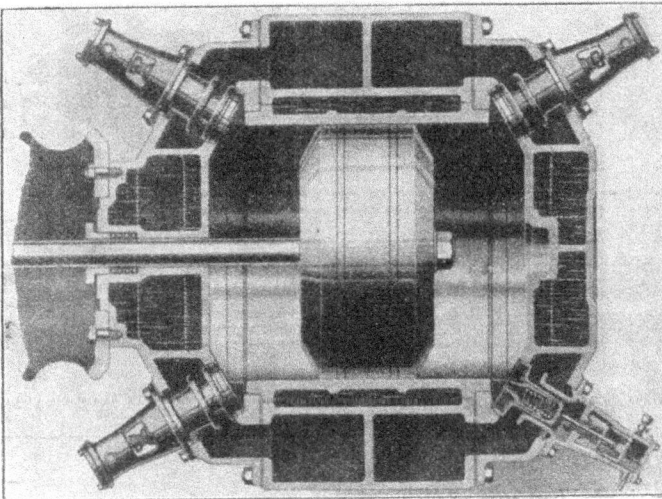

Abb 43.

Zylinderdeckel, auf Grund der untergebrachten Ventile für eine bestimmte Ansaugemenge bemessen, können für verschiedene Kolbenhübe, ebenso das dazu gehörige Mantelstück für verschiedene Kolbendurchmesser Verwendung finden, womit diese Anordnung sich für eine Massenfabrikation auf Vorrat vorzüglich eignet, da nur die Laufbüchse eine nachherige Anfertigung erfordert, weil sie im Durchmesser je nach dem Enddruck und Ansaugedruck, d. h. der Höhenlage des Aufstellungsortes eine große Veränderlichkeit aufweist. Die schräge Anordnung der Ventile wird mit Rücksicht auf den Raumbedarf der hier nötigen Regelrückstromventile nur durch den geringen Gütegrad der

---

[1]) Die hier im Horizontalschnitt eingezeichneten Ventile stellen eigentlich die im nächsten Kapitel beschriebenen Regelrückströmventile dar; unter- und oberhalb dieser sind die Saug- und Druckventile gleicherweise angeordnet.

Rogler-Hoerbiger-Ventile bedingt, welcher eine derartige Vergrößerung der zu ihrer Unterbringung notwendigen Zylinderfläche erheischt, während der wesentlich größere y_s der B-R-H-Ventile bei Kompressoren mit 3 bis 3,5 m/sec Kolbengeschwindigkeit diesbezüglich keine Schwierigkeiten bereitet. Diese Verbesserung des Gütegrades ermöglichte die in Abb. 44 veranschaulichte Anordnung, deren Vorteil hauptsächlich in der günstigeren Bearbeitung der Ventilausbohrung zu suchen ist, im übrigen aber bezüglich der Dreiteiligkeit die gleichen Merkmale aufweist.

Die hierher gehörige bekannte Anordnung der Ventile im Zylindermantel weist folgende Nachteile der Herstellung auf: kostspielige Modelle; teueres

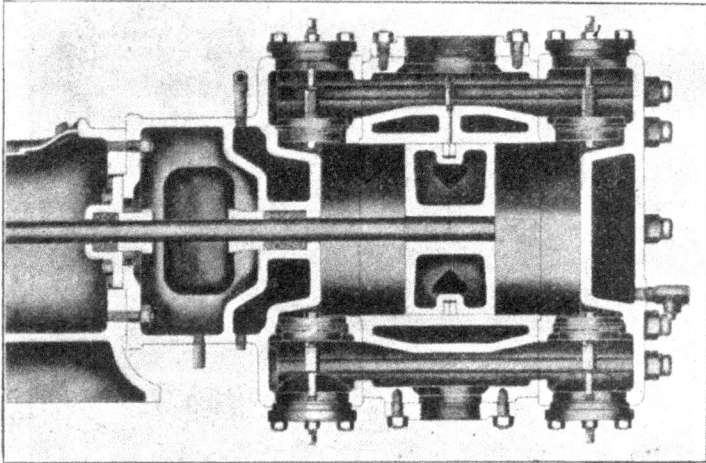

Abb. 44.

Formen; vergrößerte Ausschußgefahr; umständlicheres Bearbeiten wegen des mannigfaltigeren Verfahrens an einem und demselben Gußstück; beschränktere Eignung für Massenfabrikation, weil eine Durchmesser- und Hubveränderung nur im geringen Maße möglich ist; die Einteiligkeit des Zylinders gestattet beim Auftreten unvorhergesehener Anforderungen nur eine geringe Veränderung der Modelle, während die erwähnte Dreiteiligkeit diesbezüglich eine große Anpassungsfähigkeit aufweist. Die Mantelanordnung hat im Vergleich zur Abb. 44 noch den Nachteil, daß das größte Gußstück wesentlich schwerer ausfällt, was insbesonders bei Verfrachtung ohne Geleise, wie dies bei entlegenen Bergwerken manchmal zu gewärtigen ist, von erheblicher Bedeutung sein dürfte.

Hier, wie in den obgenannten Fällen, müssen die Ventile auf der unteren Seite durch entsprechendes Hochstellen des Zylinders bequem zugänglich gemacht werden, weil nämlich in den hier in Betracht kommenden Betrieben, welche für die Wartung der Maschine besonders in den außereuropäischen Gebieten keine Sorgfalt verwenden können, die Forderung gestellt wird, »nichts unterhalb Flur« anzuordnen.

Abb. 45 zeigt die Anwendung der Ventile in stehenden Zylindern. In der Zwillingsanordnung ist die geringe Achsenentfernung mit ihrem größtmöglichen Ausgleich der bewegten Masse vornehmlich für Schnelläufer geeignet, und zwar ganz besonders, wenn der Kompressor auf Rädern aufgebaut ist.

Die Wirtschaftlichkeit, welche mit all diesen Anordnungen erwartet

Abb. 45.

werden darf, ist in Abb. 4 angedeutet, und zwar ist es grundsätzlich gleich, ob die Ventilachse schräg bzw. senkrecht oder parallel zur Kolbenachse gestellt wird, weil bei gleicher Ventilgüte der schädliche Raum als der Urheber der »zusätzlichen« Verluste in all diesen Fällen angenähert die gleiche Größe aufweist.

2. Als zweite Gruppe kann die Anordnung der Ventile im sog. Ringkasten bezeichnet werden, welche in Abb. 46 mit der Ansicht eines elektrisch angetriebenen Zylinders und in Abb. 47 mit einem Teilschnitt durch die Ventile dargestellt ist. Die Eintrittsluft streicht hier während der Ansaugung an denjenigen Wänden und Flächen vorüber, welche in der vorhergehenden

7

Ausströmperiode von der durch die Verdichtung stark erhitzten Luft erwärmt werden und eben damit y_{liefer} je nach der Stärke des Wärmeaustausches beeinflussen. Und zwar ist im Beharrungszustande die Wärme- bzw. die Temperaturzunahme der Luft während des Ansaugens ebenso groß wie deren Abnahme während des Ausströmens, so daß in der Drucklufttemperatur, von Änderungen in den Wärmeverlusten durch die gekühlten Wände abgesehen, eigentlich keine Verschiedenheit gegenüber der Deckelanordnung wahrzunehmen ist.

Abb. 46.

Abb. 47.

Der Versuch eines $21''$-hubigen Kompressors mit dieser Ventilanordnung ist in Abb. 48 nach Angabe des Kapitels II zusammengestellt. Eine Nachrechnung der einzelnen Verluste mit Hilfe des Kapitels III und an Hand der baulichen Angaben zeigt im Vergleich zur Gruppe 1, daß der Kanalwiderstand allein etwa 100 v. H. der Strömungsverluste der Ventile beträgt, wobei der wesentlich größere A_k-Wert der Rogler-Hoerbiger-Ventile (hier 3,6 bis 5,0 gegenüber 2,55 bis 1,75 der Abb. 4) nicht außer acht gelassen werden darf; sie zeigt ferner, daß die Verringerung der Luftmenge als Folge der Wärmeübertragung der Kanalwände und Flächen allein ungefähr 6 v. H. des Hubvolumens ausmacht. Außerdem wäre allerdings nur vom Standpunkt der Aufstellungskosten noch in Betracht zu ziehen, daß diese Anordnung den Wert y_{vi} und damit notwendigerweise y_{vd} infolge des größeren schädlichen Raumes nicht unwesentlich verringert.

Diese, durch wiederholte Versuche auf gleicher Grundlage festgestellte wesentliche Verschlechterung der Wirkungsgrade y_{is} und y_{vd} berechtigt, die Ringkastenanordnung für höhere Verdichtungsgrade als viel zu unwirtschaftlich zu bezeichnen, um für weitere Ausführungen überhaupt noch empfohlen werden zu können. Die Versuchsergebnisse an und für sich zeigen aber mit Hinweis auf die verschiedenen Größenunterschiede von y_{vi} und y_{vd}, daß nur die bereits in den »Regeln für die Leistungsversuche an Kompressoren« empfohlene Düsenmessung volle Klarheit in die diesbezüglichen Vorgänge bringen kann.

Selbst für Gebläse, welche in den neuzeitigen Ausführungen Verdichtungsgrade von zwei und mehr aufweisen, ist diese Ringkastenanordnung nicht zu empfehlen, jedoch weist der von Hoerbiger-Rogler eingeführte geteilte Ringkasten mit voneinander getrennten Einlaß- und Auslaßventilsektoren diesen Übelstand (mit Ausnahme der geringen Erhöhung der Strömungswiderstände) nicht mehr auf[1]).

Eine Betrachtung der Abb. 4 zeigt, daß es bei richtiger Ausbildung, Bemessung und Anordnung der Ventile leicht möglich ist, einen Gesamtwirkungsgrad von 77 bis 78 v. H. bezogen auf L_{ind} in vollkommen marktfähiger Ausführung zu erreichen, womit die wirtschaftliche Überlegenheit des Kolbenkompressors über den Turbokompressor für die hier in Betracht kommenden Einheiten angedeutet sei.

Die bekannten Schieberkompressoren mit Flach- und Kolbenschiebersteuerung zeigen in bezug auf die Erwärmung der Ansaugeluft grundsätzlich die gleichen baulichen und demzufolge die

---

[1]) Siehe Aufsatz Prof. Peter, V. d. I. 1916, S. 61. Das besondere Merkmal dieser Anordnung ist der vergrößerte schädliche Raum, welcher bei Gebläsen wirtschaftlich bedeutungslos, ansonst belanglos und in manchen Fällen sogar erwünscht ist.

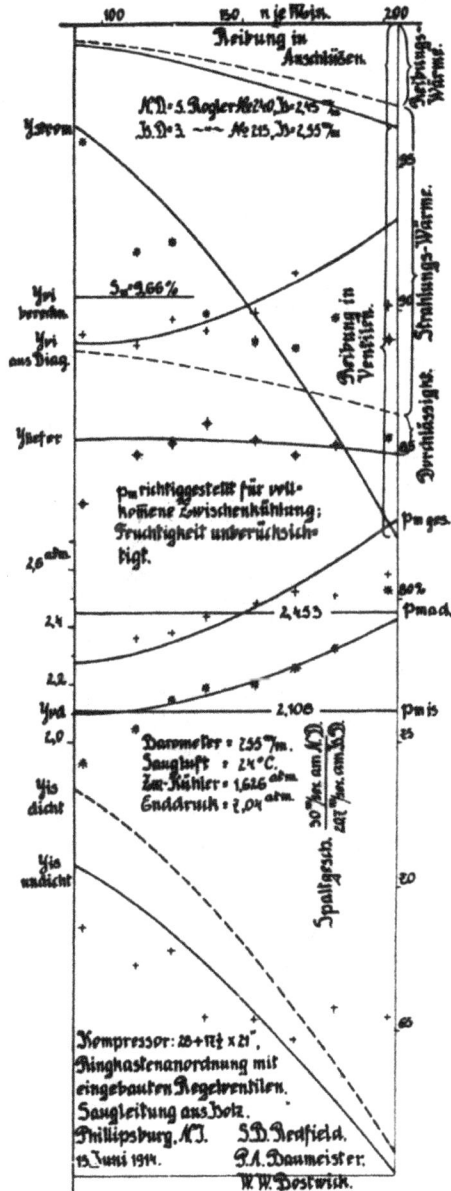

Abb. 48.

gleichen wirtschaftlichen Merkmale wie die eben behandelte Ringkastenanordnung. Als Vorteil jener ist die größere Dichtheit der Steuerorgane, sofern der in der Ansaugeluft stets vorhandene Luftstaub beseitigt wird, und der geringere Durchgangswiderstand des Schiebers infolge der größeren Kanaleröffnungen hervorzuheben, ob aber diese Vorteile die nachteiligen Folgen der geschilderten Erwärmung der Ansaugeluft aufheben, müßte — weil dies in hohem Maße von der Gestaltung abhängt — einer Untersuchung auf gleicher Grundlage überantwortet werden. Beseitigt erscheint diese Erwärmung der Ansaugeluft bei der bekannten Querschiebersteuerung von Schütz-Icken[1]), welche den Vorteil des räumlich getrennten Ein- und Auslasses mit der größeren Dichtheit und dem geringeren Durchgangswiderstande des Kolbenschiebers verbindet.

Das Auftreten von Ölkoks im Zylinderinneren bei einer Luftendtemperatur wesentlich unterhalb des Flammpunktes des Schmieröles beweist, daß die tatsächliche Wandtemperatur größer sein muß, als der Verdichtung regelrechterweise zukommt. Die Frage ist daher: Kann die Temperatur der Wandung überhaupt größer als die der Ausströmluft werden, da die erste doch nur eine Folgeerscheinung ist, in welcher die Luft das übertragende Mittel darstellt? Die Beantwortung sei mit folgender Erklärung der hier auftretenden Vorgänge gegeben: Die kalte Eintrittsluft erwärmt sich während des Einströmens an den heißen Wandungen und wird dann um den ganzen Betrag der Verdichtungstemperatur erhitzt, d. h. die Eintrittsluft erfährt eine größere Temperatursteigerung, als der reinen Verdichtung entspricht. Von dieser erhöhten Wärme wird ein Teil während des Ausströmens an die Wandung übertragen, und zwar im Beharrungszustande ebensoviel (richtiger wegen der vorhandenen Kühlung etwas mehr) als die Wandung während des Einströmens abgegeben hat, so daß die beobachtete Luftendtemperatur von den im Zylinder vorgegangenen Umwandlungen nichts anzeigt. Für Innenteile, welche jedesmal frisch bespült werden, kann diese Temperatursteigerung wegen der natürlichen Begrenzung der Wärmeübertragung nicht übermäßig groß werden, während die in versteckten Winkeln stattfindende derartige Wärmeanstauung die besonders an ungekühlten Flächen beobachtete Koksbildung ohne weiteres erklärt[2]).

Bei der Zylinderausbildung muß daher diesbezüglich verlangt werden, daß der ganze Inhalt mit jedem Kolbenspiel durchgespült wird, daß die Innenflächen allseits wassergekühlt sind, wenn auch der Verdichtungsvorgang von der Kühlung anscheinend unbeeinflußt bleibt, ferner daß das Anhäufen von Schmieröl besonders an ungekühlten Flächen vermieden wird. Eine Überhitzung des angehäuften Schmieröles erzeugt nämlich vor der Verkokung eine Ent- und teilweise Vergasung, und das so entstandene Gasluftgemisch ist die Ursache der mitunter zu beobachtenden Blauwärme an

---

[1]) Siehe Aufsatz Dr. Hoffmann, V. d. I. 1909, S. 94. Pat. Icken.
[2]) Diese Erscheinung ist auch bei wilden Völkern als Grundsatz der Feuererzeugung vorzufinden.

Druckleitungsanschlüssen und bei Anhäufung besonders ungünstiger Umstände die Erklärung der bekannten Windkesselexplosionen. Bei gut eingelaufenen Kompressoren ist allerdings die Schmierölmenge so gering, daß ein Nachweis von CO_2 mittels Gasanalyse selbst bei beobachteter Ölkoksbildung[1]) nicht gelingt. Nur bei höheren Verdichtungsgraden und übermäßiger Schmiermenge sind Spuren von CO_2 aufzufinden.

Im Interesse derjenigen Betriebe, welche die Hauptabnehmer von Kompressoren sind und eben aus diesem Grunde die Richtlinien der baulichen Ausbildung ausschlaggebend beeinflussen, empfiehlt es sich wegen der mehr oder weniger stets staubigen Atmosphäre des Aufstellungsortes, die Maschine ganz zu kapseln und alle Lager und Zapfen mit einer Umlaufselbstschmierung zu versehen. Dies erhöht die Betriebssicherheit in hohem Maße und beschränkt die Wartung auf ein zeitweiliges Untersuchen der Innenteile.

VIII.
Mengenregelung.

Entsprechend dem wechselnden Luftverbrauche fast sämtlicher Betriebe ist jede Kompressorart mit einer Einrichtung für die Veränderung der Luftlieferung in weiten Grenzen in möglichst wirtschaftlicher Weise zu versehen. Besonders diesem Gesichtspunkte seien folgende Betrachtungen gewidmet:

Am einfachsten ist eine solche Forderung bei den Dampfluftkompressoren zu erfüllen, deren Dampfseite die Vorrichtung für eine Drehzahlregelung erhält mit der Wirkungsweise, daß erhöhter Luftdruck, als Merkmal des verringerten Luftverbrauches, einen verlangsamten und sinkender Luftdruck einen schnelleren Gang einstellt. Die diesbezüglichen Ausführungen für die Einwirkung auf die Füllungsverstellung sind für den Pendelregler[2]) und für den Achsenregler[3]) bereits einwandfrei gelöst. Sie weisen die Eigen-

---

[1]) Am allergrößten ist diese Koksbildung an den Plattenteilen der Auslaßventile, und zwar wenn bei einer Sitzdurchlässigkeit mit isothermischer Rückexpansion heiße Luft sich hier während des Ansaugens ansammeln kann, welche dann mit der vollen Verdichtungstemperatur, weit über den Brennpunkt des Schmieröls hinaus, erwärmt wird.

[2]) Siehe beispielsweise Aufsatz Breinl, V. d. I. 1909, S. 750.

[3]) Es sei hier auf den bekannten Dampfmaschinen-Präzisionsleistungsregler von Dr. R. Proell, Dresden verwiesen, beeinflußt von einem Luftdruckregler. Dieser Druckregler in Verbindung mit dem Windkessel, betätigt hier den vollkommen entlasteten Drehschieber eines Servomotors, welchem, mit schraubenförmigen Nuten versehen und durch die Einschaltung eines Kraftkolbens, in jeder Stellung eine bestimmte Lage der Regelspindel, somit eine bestimmte Drehzahl des Reglers entspricht. Als besonderer Vorteil kann die Pseudoastasie bei einer Drehzahlverstellung von 500 v. H. und mehr angesehen werden.

96

tümlichkeit auf, daß innerhalb des gegebenen Regelbereiches jede Drehzahl durch entsprechendes Verschieben des Regelgestänges ohne Veränderung des für die Anlage grundsätzlich festgesetzten Luftdruckes eingestellt werden kann, mit dem besonderen Vorteil, die Verteilung der Luftlieferung bei Parallelschalten von mehreren Maschinen untereinander beliebig verschieben zu können. Außerdem sind Bauarten in Anwendung, welche die Einwirkung des Luftdruckes auf die Füllungsverstellung unmittelbar bewerkstelligen und einen Regler nur als Sicherung gegen Durchgehen im Falle von Störungen benötigen[1]). Die Zunahme der Wirtschaftlichkeit mit abnehmender Drehzahl ist in Abb. 4 dargestellt; demgegenüber erhöht sich aber der Dampfverbrauch

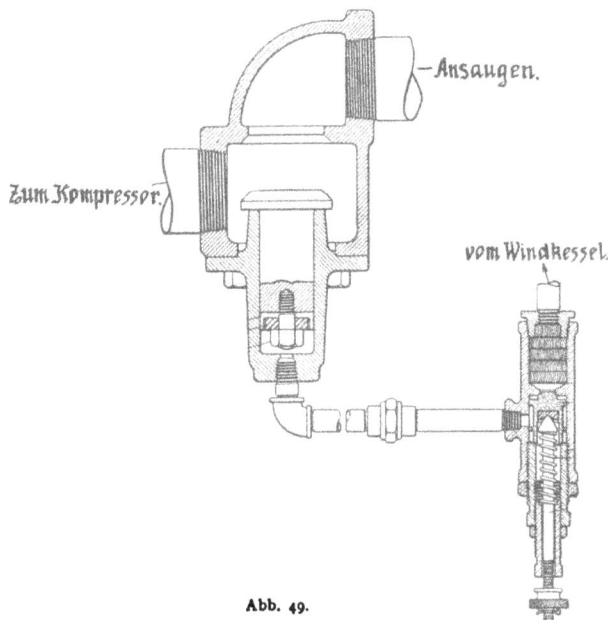

Abb. 49.

wegen der steigenden Niederschlagsverluste in weit höherem Maße, so daß es bei Parallelbetrieb von mehreren Maschinen zweckmäßiger wird, die einzelnen Einheiten möglichst voll laufen zu lassen und die Regelung durch entsprechendes Ab- und Zuschalten vorzunehmen.

Bei den kleinen Dampfluftkompressoren mit einstufiger Verdichtung, bei welchen Billigkeit und Einfachheit die maßgebenden Gesichtspunkte für die bauliche Ausbildung sind, erfolgt das Anpassen an den Luftbedarf nach dem Grundsatz der Aussetzerregelung unter Anwendung eines pseudoastatischen Füllungsreglers, und zwar entweder durch vollständiges Absperren der

---

[1]) Siehe z. B. Aufsatz Dr. Hoffmann, V. d. I. 1909, S. 95, bezüglich Schütze-Dampfkompressoren.

Saugleitung in der Anordnung der Abb. 49, genannt Saugentlader, oder durch Verbinden des Zylinders mit der Außenluft bei gleichzeitigem Abschluß der Druckleitung nach Abb. 50, genannt Druckentlader. In beiden Fällen verbindet ein vom Luftdruck beeinflußtes Regelventil den Windkessel mit einer Vorrichtung, welche das Entladeventil betätigt. Der Nachteil des so einfachen und daher so häufig angewandten Saugentladers besteht in der Durchlässigkeit des nur zeitweilig betätigten Tellerventils, welches eben aus diesem Grunde (mangels eines Dichtschlagens) niemals dicht sein kann. Dies bedeutet aber nicht nur einen Arbeitsverlust, sondern infolge des vergrößerten Verdichtungsgrades eine erhöhte Druckendtemperatur, verbunden vielfach mit dem unliebsamen Verkoken der Auslaßventile. Bei den stehenden einfachwirkenden Kompressoren saugt außerdem das im Hubraum sich einstellende Vakuum das Schmieröl des Kurbelgehäuses an den Kolbenringen vorbei in das Zylinderinnere und erhöht dadurch die besagte Koksgefahr.

Der gezeigte Druckentlader kann entweder für sich allein angewandt werden und der Arbeitsverlust bei Nullast besteht dann neben der Durchlässigkeit des Abschlußventils aus dem Durchgangswiderstand von drei Ventilen. Verbreiteter jedoch ist die Anwendung dieses Druckentladers in Verbindung mit einem Saugentlader bei der Regelung der kleineren Verbundkompressoren, wobei der Saugentlader im Einlaßstutzen des ND. und der Druckentlader am Auslaßstutzen des HD. angebracht wird. Es bleibt sich

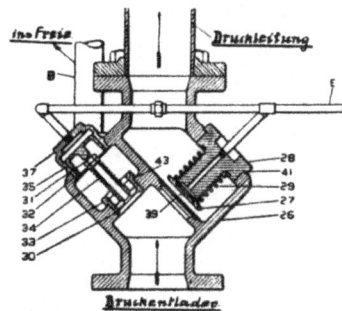

Abb. 50.

natürlich gleich, ob diese Kompressoren mittelst Riemen, Elektro- oder Verbrennungsmotor angetrieben werden, jedenfalls kann aber diese Art der Regelung mit diesen einfachen Mitteln als wirtschaftlich bezeichnet werden.

Für den elektrischen Antrieb, welcher wegen Verbilligung des an und für sich teueren Antriebsmotors zur höchstmöglichen Drehzahlsteigerung zwingt, ist eine Regelung durch Verlangsamung des Ganges eben aus diesem Grunde ausgeschlossen. Hier muß daher die Luftseite bei unveränderter Drehzahl die Mengenregelung übernehmen, und es bleibt daher nichts anderes übrig, als die Menge der Ansaugeluft dem Verbrauche entsprechend unmittelbar zu verändern. Dies geschieht heute grundsätzlich nach folgenden Arten:

1. Durch Rückströmen der angesaugten Überschußluft nach Kolbenumkehr, und zwar beim Corliß- und Kolbenschieber als Einlaßorgan durch entsprechende Verstellung dieser, oder beim selbsttätigen Plattenventil vermittelst Offenhalten von gesonderten Hilfssteuervorrichtungen, welche von Hand oder von einem Luftdruckregler beeinflußt werden[1]). Der Arbeits-

---

[1]) Siehe Aufsatz Dr. Hoffmann, V. d. I. 1909, S. 96 bis 97.

verlust dieser Überschußluft besteht an Hand Abb. 51 aus dem Durchgangswiderstand des jeweiligen Einlasses und Auslasses und kann an Hand der
früheren Formeln ermittelt werden. In diese Gruppe der Mengenregelung
gehört auch die Einrichtung, die Saugventilplatten durch Abheben vom Sitz
dauernd offenzuhalten[1]), wodurch in der Lieferung eine Abstufung von
100 bis 0 oder 100 bis 50 bis 0 v. H., je nachdem eine oder zwei Zylinderseiten
ausgeschaltet werden, mit den einfachsten Mitteln erreichbar ist. Ein Unterschied im Kraftverbrauche dieser Anordnungen besteht hauptsächlich in der
Verschiedenheit der Ziffer A_λ.

2. Durch Rückströmen der verdichteten Überschußluft nach Kolbenumkehr vermittelst eines von einem Luftdruckregler beeinflußten, gesondert
gesteuerten Ventils, welches den Druckraum mit dem Hubraum verbindet
und die bereits gelieferte Luft entsprechend dem Überschusse zurück in den

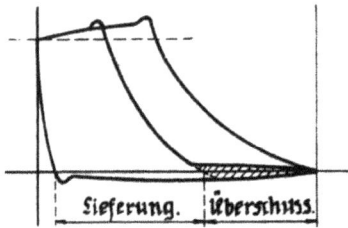

Abb. 51.

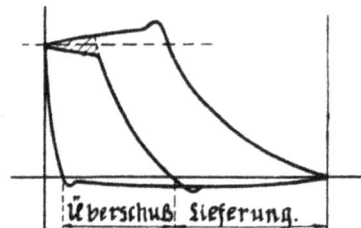

Abb. 52.

Zylinder führt. Der Arbeitsverlust dieser Überschußluft besteht an Hand
Abb. 52 aus dem Strömungswiderstande des Auslaßventils und des Regelventils, welches gewöhnlich als Doppelsitzventil ausgebildet wird[2]).

In beiden Regelverfahren ist der Arbeitsverlust bei gleichem Liefergrade,
abgesehen von dem etwaigen Unterschiede der Wertziffer A_λ, gleich, weil
der betreffende Verbrauch, bestehend aus dem Produkte Hubvolumen mal
Durchgangswiderstand, wie früher gezeigt, unabhängig vom Luftdruck ist.
In baulicher Beziehung ist ein Unterschied nur in der Dauer der Regelein-
wirkung zu finden, welche im ersten Verfahren bei einem Regeln bis auf
Null für einen Kolbenweg gleich y_{vi} eingerichtet sein muß, im zweiten Verfahren jedoch nur den Betrag $\dfrac{\gamma_{einlaß}}{\gamma_{auslaß}} \cdot y_{vi}$ annimmt.

3. Die Ansaugemenge kann auch durch Änderung des schädlichen Raumes,
d. h. ähnlich den Gichtgasgebläsen, durch Anordnung von Zuschalträumen
geregelt werden, welche im Verdichtungshub einen Teil des Zylinderinhaltes
aufnehmen, um diesen während des Ansaugens wieder zurück in den Zylinder
strömen zu lassen und auf diese Art die Ansaugemenge entsprechend der Bemessung dieser Räume verändern. Aus baulichen Gründen ist es nicht gut

---

[1]) Siehe ebenfalls Aufsatz Dr. Hoffmann, V. d. I. 1909, S. 96.
[2]) Patentiert und ausgebildet von Hoerbiger & Rogler.

möglich, mehr als zwei Zuschalträume auf einer Zylinderseite, wie in Abb. 43 veranschaulicht, vorzusehen, und die hierdurch erzielte Abstufung genügt für gewöhnlich den Betriebsanforderungen. Bei Nullast durchströmt je Kolbenspiel das ganze Hubvolumen die als Abschluß verwendeten Regelventile vom Querschnitte Q_r und für deren Größenbemessung kann bei Anwendung von zwei Abstufungen je Zylinderseite folgende Gleichung angesetzt werden: $Q_k \cdot c_m = 2 \cdot Q_r \cdot v$. — Der Strömungswiderstand dieser Ventile mit an und für sich geringem A_k ist der alleinige Verlust dieser Regelart, indem die wirklich geförderte Luft die Ein- und Auslaßventile (mit wesentlich größerem Widerstande) eigentlich nur einmal durchstreicht, und hierin liegt der wirtschaftliche Vorteil dieser Anordnung. Die theoretischen Diagramme für Voll-, Halb- und Nullast sind in Abb. 53 dargestellt, und die Größe der Zuschalträume T in v. H. des Hubvolumens ist,

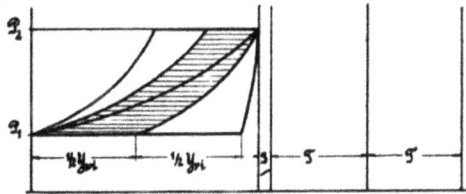

Abb. 53.

sofern s der schädliche Raum des betreffenden Zylinders bezeichnet, an Hand folgender Formel zu berechnen:

$$\text{für Halblast:} \quad s + T = \frac{100 - 1/2 \cdot y_{vi}}{\left(\dfrac{P_2}{P_1}\right)^{\frac{1}{k}} - 1}$$

$$\text{für Nullast:} \quad s + 2\,T = \frac{100}{\left(\dfrac{P_2}{P_1}\right)^{\frac{1}{k}} - 1} \quad \cdot \ \cdot \ \cdot \ \cdot \ \cdot \quad 34)$$

und zwar ist bei Verbundkompressoren zu beachten, daß der Kühlerdruck meistens etwas größer ausfällt, als die betreffende Formel anzeigt. (Siehe die diesbezügliche Erläuterung im nächsten Kapitel.) Ein gleichzeitiges Indizieren der Zylinder- und Zuschalträume ergab, daß der Exponent »k« keine Verschiedenheit anzeigt, was darauf hinweist, daß die Erwärmung beim Durchströmen der Ventile durch die Abkühlung der Zuschalträume wieder aufgehoben wird und daß der Widerstand der Regelventile als Druckunterschied der beiden Diagramme (allerdings bei reichlicher Bemessung derselben) kaum sichtbar war. Aus verschiedenen Gründen empfiehlt es sich, die Zuschalträume etwas reichlich zu bemessen und den Überschuß mit Zement auszugießen.

Bei Anordnung von zwei Zuschalträumen je Zylinderende, eine übliche Ausführung für Verbundmaschinen mittlerer und großer Einheiten, ist es möglich, fünf Liefergrade in den Abstufungen 100, 75, 50, 25, 0 v. H. zu erzielen. Bei einer Entlohnung des elektrischen Stromes nach Spitzen kann hier allerdings der nachteilige Fall eintreten, daß beispielsweise bei einem

Luftverbrauche von 76 v. H. die Vergütung nach der Rate von 100 v. H. erfolgen wird. Durch Anordnung einer größeren Anzahl von Zuschalträumen je Zylinderseite könnte dieser Nachteil in den Folgen wohl verringert werden, doch stehen diesem bauliche Schwierigkeiten im Wege. Der besondere Vorteil liegt hier in der baulichen Einfachheit, welche allein billige Herstellkosten für eine Massenfabrikation ermöglicht.

Die besagte Anordnung der Regelventile ist sowohl am HD., als auch am ND. anzubringen und deren Betätigung gleichzeitig zu bewerkstelligen, und zwar in einer solchen Reihenfolge, daß der gleichmäßige Gang am wenigsten leidet. Nachstehend sei eine unter diesem Gesichtspunkte entworfene Zusammenstellung angeführt, welche die aufeinanderfolgende Zuschaltung anzeigt:

bei 75 v. H. Liefergrad: ND. außen Deckelseite   + HD. außen Rahmenseite,
 » 50 » »   »   »   » Rahmenseite + »   » Deckelseite,
 » 25 » »   »   » innen Deckelseite + » innen Rahmenseite,
 » 0 » »   »   »   » Rahmenseite + »   » Deckelseite.

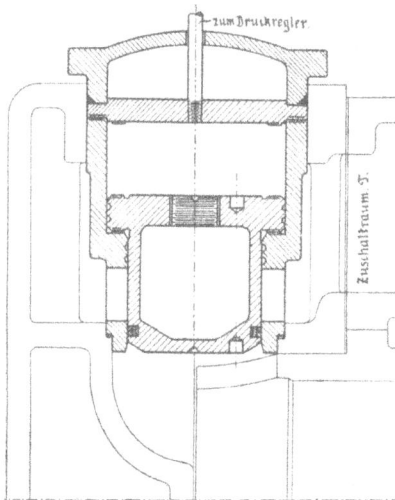

Abb. 54.

Bezüglich der baulichen Ausbildung dieses Regelorganes sei angeführt, daß das gewöhnliche Tellerventil der Abb. 43 infolge der unvermeidlichen Verunreinigungen und mangels des erforderlichen Dichtschlagens sehr bald undicht wird und versuchsmäßig eine rd. 10 fach größere Durchlässigkeit aufweist als der in Abb. 54 veranschaulichte Kolbenregelschieber[1]). Dieser ist durch die gute Abdichtung eines dreiteiligen Kolbenringes vervollkommnet, und sein Vorteil ist außerdem noch darin zu suchen, daß die für beide Endstellungen vorgesehenen aufgeschliffenen Flächen des äußeren Kolbenteiles die Windkesselluft nach innen und die Zylinderluft nach außen abdichten. Wegen des bedeutenden Feuchtigkeitsgehaltes der Windkesselluft wird es nur notwendig sein, diese wie üblich aus Gußeisen hergestellten Innenteile vor Rosten zu schützen. Die Betätigung dieser Organe selbst erfolgt vermittelst eines Luftdruckreglers, welcher bei einer Verringerung des Luftdruckes unter die gewünschte Marke den Windkessel der Reihe nach mit den einzelnen Regelventilen verbindet und dadurch dieselben schließt, ferner bei einer Erhöhung des

---

[1]) U.S.A. Patent angemeldet des Verfassers.

Luftdruckes die im Druckraum eingeschlossene Luft nach außen führt, wobei der Zylinderdruck den Kolbenschieber öffnet und hierdurch das Hubvolumen mit dem Zuschaltraum verbindet.

Bei Kompressoren mit mehr als zwei Verdichtungsstufen wird diese Regelart zu umständlich, und man greift, sofern überhaupt eine Mengenregelung vorgesehen wird, zur einfacheren Aussetzerregelung zurück mit einem normalen Saugentlader am ersten Zylinder und einem entsprechend ausgebildeten Druckentlader an der vorletzten Stufe, welcher die Undichtheiten der unter Vakuum arbeitenden ersten Stufen ins Freie führt.

IX.

Zwischenkühler.

Die verschiedenen auf dem Gebiete der Kompressoren anzutreffenden Anordnungen von Röhrenkühlern zusammenfassend, kann man zunächst zwei Hauptarten unterscheiden:

1. Die ND.-Kühler, welche aus baulichen und betriebstechnischen Gründen von der Luft außen bestrichene, gerade Rohre verwenden und eine Verschiedenheit nur bezüglich der Luftströmung relativ zu den Rohren aufweisen, und

2. die HD.-Kühler, welche die Luft aus baulicher Notwendigkeit innerhalb des Rohres führen und bei größeren Einheiten und kleineren Drücken eine Anzahl gerader Rohre, bei höheren Drücken gewöhnlich eine einzige spiralgewundene Schlange gebrauchen.

Für all diese Arten ist die Luftaustrittstemperatur möglichst klein und womöglich kleiner als die Wasseraustrittstemperatur anzustreben. Aus diesem Grunde kommt daher — sofern überhaupt tunlich — nur der reine Gegenstrom in Betracht, welcher unter dieser Bedingung die kleinsten Kühlflächen verlangt. Bei Bemessung dieser Flächen ist zu beachten, daß die Luft meistens mit Feuchtigkeit voll gesättigt den Kühler betritt, so daß das Kühlwasser nicht nur die Verdichtungswärme der Luft, sondern auch die frei gewordene Dampfwärme des Niederschlages abzuleiten hat.

Für die zu übertragende Wärmemenge W in cal je Min. ist die luftberührte Fläche der Rohre F in m^2 maßgebend und wird nach bekannter Formel:

$$W = \omega \cdot F \cdot \varDelta t,$$

worin die Wärmeübertragungsziffer ω in cal je m^2, 1^0 C und Min. als eine lineare Funktion der Luftgeschwindigkeit w_s im Kühler angenommen werden kann, wie dies im Kapitel III bei Behandlung der Erwärmung durch Strahlung an Hand diesbezüglicher Versuche beleuchtet wurde. Daraus erhellt aber, daß einfach wirkende Maschinen ungefähr die gleiche Kühlergröße beanspruchen, wie die doppelt wirkenden derselben Hauptabmessung, weil die Wärmeübertragung während des Leerhubes vernachlässigt werden kann. Diese Folgerung wäre vielleicht nur dadurch zu berichtigen, daß die Luft infolge der unvermeidlichen Schwingungen auch im Leerhube in Bewegung gehalten wird. Der geschilderte Zusammenhang läßt ferner folgern, daß auch y_{vi} und y_{vd} keiner weiteren Berücksichtigung bedürfen.

Die Luftgeschwindigkeit w_z in den verschiedenen Querschnitten des Kühlers wird bei Kolbenmaschinen, abgesehen von den besagten Luftschwingungen, von dem Hubvolumen des vor- und nachgeschalteten Zylinders und vielleicht noch von der Anordnung dieser — ob Tandem oder Verbund und ob einfach- oder doppeltwirkend — beeinflußt. Dabei handelt es sich im Kühlerbehälter eigentlich um einen zusammengesetzten Verdichtungs- und Verdünnungsvorgang, welcher die Berechnung des hier maßgebenden Mittelwertes w_{zm}, bezogen auf eine volle Umdrehung und auf die Gesamtlänge des Kühlers, außerordentlich verwickelt gestaltet, so daß diese an und für sich viel zu umständlich wäre, um sich am Zeichentisch einzubürgern, insbesonders wenn dabei noch die Volumverringerung infolge Kühlung in Betracht gezogen werden soll. Es ist daher zweckmäßiger, eine Grundlage für eine vereinfachte Berechnung von w_{zm} zu vereinbaren, welche bei der versuchsmäßigen Ermittlung und bei deren späterer Anwendung für die Ausrechnung der notwendigen Kühlergröße gleichartige Benützung findet. Dadurch wird die Abweichung vom tatsächlichen Mittelwert in der Folgewirkung praktisch jedenfalls belanglos. Bei genauer Betrachtung der Strömungsvorgänge im Kühler erscheint es am zutreffendsten, w_{zm} im mittleren freien Querschnitt Q_{zm} auf den Kolben des nachfolgenden Zylinders Q_{kf} zu beziehen, womit w_{zm} aus der Gleichung:

$$Q_{zm} \cdot w_{zm} = Q_{kf} \cdot c_m \quad \cdot \quad \cdot \quad \cdot \quad \cdot \quad \cdot \quad 35)$$

erhalten wird. Dabei könnte es allerdings vorkommen, daß sich ω nicht mehr rein linear mit dem so ermittelten w_{zm} ändert, sondern eine verwickeltere Form annimmt, welche am besten durch den Versuch für eine bestimmte Anordnung ermittelt wird und daher nur für diese Gültigkeit besitzt. Um nun auch die Größenberechnung des immer mehr verbreiteten Nachkühlers auf gleiche Grundlage zu stellen, wird es beim Gebrauch obiger Formel, vielmehr zur Ermittlung des hierbei in Betracht kommenden Q_{kf} nur notwendig, die Kolbenfläche des HD.-Zylinders durch das Volumverhältnis der letzten Abstufung zu dividieren, wobei angenommen wird, daß der angenähert gleichmäßige Abfluß aus dem Behälterraum des Nachkühlers durch einen nachfolgenden Zylinder dieser Bemessung erfolgen würde.

Bezüglich der Messung der Lufteintrittstemperatur kann behauptet werden, daß das Thermometer, wie immer es auch angeordnet sei, die eigentliche Stromtemperatur wegen des Einflusses der gekühlten Wandung

stets zu klein anzeigt. Es erscheint daher richtiger und für die Rechnungsanwendung einfacher, diese Temperatur t_{le} aus der adiabatischen Verdichtung der vorgeschalteten Stufe unter Beachtung ihrer Ansaugetemperatur t_s
zu berechnen. Die Luftaustrittstemperatur t_{la}, welche bei Versuchen gewöhnlich nur wenig verschieden von der Umgebung ist und daher genauer
ermittelt wird, wäre bei Berechnung von Kühlergrößen richtigerweise der
ND.-Ansaugetemperatur gleichzusetzen, wenn man sich auch in der Praxis
zufrieden gibt, t_{la} ungefähr 10 bis 15⁰ C höher als die Wassereintrittstempe-
ratur t_{we} zu erhalten; für die Wasseraustrittstemperatur t_{wa} besteht keine
diesbezügliche Gepflogenheit und wird diese vielmehr durch die örtlichen
Verhältnisse bestimmt. Ist somit der Temperaturunterschied an der Luft-
eintrittsstelle $\Delta t_e = t_{le} - t_{wa}$ und an der Austrittsstelle $\Delta t_a = t_{la} - t_{we}$, so
wird der mittlere Temperaturunterschied entlang des ganzen Kühlers be-
kanntlich:

$$\Delta t_m = \frac{\Delta t_e - \Delta t_a}{\ln\left(\dfrac{\Delta t_e}{\Delta t_a}\right)} = 0{,}435 \frac{\Delta t_e - \Delta t_a}{\lg\left(\dfrac{\Delta t_e}{\Delta t_a}\right)} \quad \ldots \ldots \quad 36)$$

Die abzuleitende Wärmemenge W besteht, wie erwähnt, aus der Verdichtungswärme der Luft und aus der Dampfwärme des Niederschlages; da
aber ω für jede Kühlerart mit an und für sich beschränktem Anwendungs-
gebiete jeweilen getrennt zu bestimmen sein wird, und da der Anteil in v. H.
der Niederschlagswärme unter dieser Voraussetzung jedenfalls keine große
Verschiedenheit aufweisen kann, ist es praktisch zulässig, die Luftfeuchtigkeit in den Formeln unbeachtet zu lassen, wodurch allerdings W in der diesbezüglichen Gleichung verkleinert bzw. ω in Wirklichkeit einen größeren
Wert erhalten wird.

Ist T die adiabatische Verdichtungstemperatur (entnommen den Hînz-
tabellen) und V_n das minutlich angesaugte ND.-Kolbenhubvolumen, so wird
auf Grund des vorher Gesagten die minutlich abzuleitende Wärmemenge
zunächst für den doppeltwirkenden Zylinder:

$$W = V_n \cdot \gamma \cdot c_p \cdot (t_s + T - t_{la}) = \omega \cdot F \cdot \Delta t_m \quad \ldots \quad 37)$$

Für den einfachwirkenden Zylinder ist die Zeit der Wärmeübertragung
eigentlich auf die Hälfte verringert, so daß:

$$W = V_n \cdot \gamma \cdot c_p \cdot (t_s + T - t_{la}) = \frac{1}{2}\,\omega \cdot F \cdot \Delta t_m \quad \ldots \quad 38)$$

wird, wodurch die eingangs aufgestellte Schlußfolgerung, daß doppelt- und
einfachwirkende Maschinen derselben Hauptabmessungen die gleiche Kühlergröße benötigen, eine ausdrückliche Bestätigung erfährt.

Bei HD.-Kompressoren sind vielfach die Anfangsstufen doppeltwirkend
und die nachfolgenden Stufen, in allen Fällen bei Anwendung von Plungern,
einfachwirkend. Für einen Kühler mit vorgeschaltetem doppeltwirkenden
und nachfolgendem einfachwirkenden Zylinder wird es daher mit Hinweis auf

die Zusammensetzung von w_{sm} ebenfalls nur notwendig, die Zeit mit ihrem halben Werte einzusetzen, d. h. auch für diesen Fall Formel (38) anzuwenden. Ein diesbezüglicher Unterschied kann nur in den veränderten Luftschwingungen, welche für sich die Wärmeübertragung entsprechend beeinflussen, bestehen.

Für den mehrstufigen Kompressor mit gleichem Volumverhältnis ist die linke Seite für die einzelnen Zwischenkühler praktisch genommen von gleichem Größenwerte, und da außerdem bei gleichen Kühlwasserverhältnissen auch Δt_m den gleichen Wert annimmt, wird $\omega \cdot F$ eine unveränderliche Größe, d. h. eine Verschiedenheit von F tritt nur auf, sofern $\omega = f(w_{sm})$, ansonst abhängig von der Bauart, sich ändert.

Bei der rechnerischen Ermittlung der Temperaturerhöhung T aus dem Volumverhältnis v der Zylinder vor und nach dem Kühler ist zu berücksichtigen, daß der tatsächliche Druck im Zwischenkühler P_z durchschnittlich größer ist als die Berechnung aus dem Ansaugedruck P_s nach der Formel: $P_z = P_s \cdot v$ ergibt, und zwar erzeugen folgende Vorkommnisse eine Erhöhung des Kühlerdruckes:

1. der schädliche Raum des kleineren, d. h. folgenden Zylinders ist durchschnittlich größer und nimmt mit höherer Stufe zu;

2. unvollkommene Rückkühlung im Zwischenkühler;

3. verhältnismäßig größere Erwärmung der Ansaugung im nachfolgenden Zylinder, weil sie — wie gezeigt — mit abnehmendem Ventilhub zunimmt;

4. vergrößerte Durchlässigkeit der Steuerorgane mit höherem Druck;

5. ebenfalls zunehmende Durchlässigkeit des Kolbens, jedoch nur, sofern es sich um eine innere Undichtheit handelt.

Dagegen hat ein Luftverlust von Kolben und Plunger nach außen, ebenso eine verhältnismäßig größere Durchlässigkeit der Steuerorgane des vorgeschalteten Zylinders ein Sinken des Kühlerdruckes zur Folge.

Der Unterschied zwischen dem rechnerischen und tatsächlichen Kühlerdruck hängt natürlich von dem Größenwert dieser einzelnen Einflüsse ab und kann für normale Ausführungen praktisch genügend zutreffend:

$$P_z = (1 + k) \cdot P_s \cdot v \quad . \quad . \quad . \quad . \quad . \quad . \quad 39)$$

gesetzt werden, worin k nicht nur von der Bauart und der Ausführung abhängt, sondern wahrscheinlich mit zunehmendem Volumverhältnis v ebenfalls wächst.

Bei mehrstufigen Kompressoren mit selbsttätigen Ventilen wird an Hand von Versuchen $k = 0,06 - 0,08 - 0,10$, und zwar bei den niederen Stufen und Verdichtungen etwas kleiner, bei höheren Stufen und Verdichtungen etwas größer, und erst eine übermäßige Abweichung läßt auf eine diesbezügliche außerordentliche Unvollkommenheit schließen. Mit Bezug auf diese Erscheinung wird daher das Volumverhältnis bei P_e absolutem Enddruck und $n$facher Verdichtung für gleiche Arbeitsverteilung in den einzelnen Stufen am besten:

$$v = (\mathrm{1} - k) \cdot \sqrt[n]{P_e} \cong 0{,}92 \cdot \sqrt[n]{P_e} \quad . \quad . \quad . \quad . \quad 40)$$

gewählt und für die ersten Stufen etwas größer, für die höheren Stufen etwas kleiner richtig gestellt. Auch für die Fälle absichtlich ungleicher Arbeitsverteilung können diese Angaben als genügende Unterlagen dienen.

Was die allgemeine Anordnung von Kühlern anbelangt, so ziehen manche Konstrukteure es vor, eine Vorkehrung für das Abzapfen des Niederschlages wegzulassen, mit der anscheinend berechtigten Begründung, daß im Betriebe davon gewöhnlich kein Gebrauch gemacht wird. Ebenso kann weiters gefolgert werden: da die Temperatur der Zylinderinnenwände in den folgenden Stufen den Siedepunkt des mitgeführten Wassers bei dem betreffenden Luftdrucke jedenfalls nicht überschreitet, ist eine Verdampfung der mitgerissenen Feuchtigkeit und damit eine Verschlechterung des Wirkungsgrades nicht zu

befürchten; es kann im Gegenteil sogar behauptet werden, daß der gekühlte Niederschlag die Einlaßventile der folgenden Stufe vorteilhaft kühlt und den Erwärmungsverlust und in der weiteren Folge auch die Ölkoksbildung verringert. Unter dieser Beleuchtung würde nur bei quer unter den Zylindern angeordnetem Kühler ein Abzapfen zur

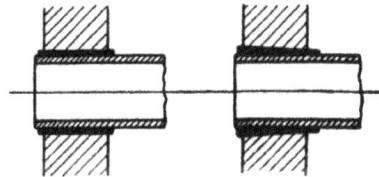

Abb. 55.

Notwendigkeit. Vom Betriebsstandpunkte jedoch ist diesbezüglich bei den zwei und noch mehr bei den mehr stufigen Kompressoren nicht zu übersehen, daß dieser Niederschlag im Stillstande der Maschine ein Rosten veranlaßt und daher zur Erzielung eines Trokkenlaufens auf alle Fälle abzuleiten ist, ganz besonders bei Anwendung von Metallpackungen für Kolbenstange und Plunger.

Bei der Anordnung der Rohre ist ein Reinigen des Schlammes, der sich aus dem Kühlwasser ansammelt, ebenso ein leichtes Entfernen der mit der Zeit abgelagerten Ölkruste stets vorzusehen, des weiteren ist es im Falle der ND.-Kühler vorteilhaft, ein freies Ausdehnen der Rohre wegen des Temperaturunterschiedes zwischen Luft und Wasser zu ermöglichen, wenn auch dies, wie vorhandene Bauarten zeigen, nicht unbedingt notwendig wird. Die Rohre, welche in der Bündelanordnung mit einem inneren Durchmesser von ½ bis 1″ und je nach Beschaffenheit des Kühlwassers in Eisen, verzinntem Eisen oder Messing hergestellt werden, erhalten in den Böden metallische Abdichtung, und zwar an einem Ende durch unmittelbares Eindornen, während am anderen Ende zwischen Rohr und Bohrung eine dünne Kupferhülse — wegen leichtem Herausnehmen bei eventuellem Schadhaftwerden — eingeschoben wird, welche in Abb. 55a in zylindrischer Form durch Dornen von innen die Dichtung besorgt oder in Abb. 55b in konischer Form von außen dicht eingetrieben wird. Beide bewähren sich gut, während die früher hierfür gebräuchliche Stopfbüchse ganz verlassen erscheint.

Zu erwähnen wären hier vielleicht noch die Kühler mit unmittelbarer Berührung von Luft und Wasser, deren Kritik kurz im folgenden zusammengefaßt werden kann: Wenn auch die Herstellkosten und der Kühlwasserverbrauch dieser im Vergleich zu den Kühlern mit mittelbarer Berührung sich günstiger gestalten, so muß man sich vor Augen halten, daß das notwendige Kühlwasser hier gegen den jeweiligen Druck gepumpt werden muß, und dadurch wird die anzustrebende möglichste Vereinfachung der Betriebsführung nicht nur beeinträchtigt, sondern auch eine Gegenrechnung für die Anlage- und Betriebskosten dieser Pumpe aufgestellt. Wenn ferner auch die infolge innigster Berührung von feinverteiltem Wasser und gesättigter Luft vorhandene, schwebende Feuchtigkeit durch entsprechende bauliche Maßnahmen aus dem Luftstrom leicht zu entfernen ist, so besteht doch die Gefahr des Mitreißens einer größeren Wassermenge beim Auftreten von ungewöhnlich starken, jedoch stets möglichen Luftschwingungen. Eine weitere Gefahr liegt in der Möglichkeit des Versagens derjenigen Vorrichtung, welcher das selbsttätige Entfernen des Kühlwassers aus dem Behälter unter Volldruck ins Freie obliegt. Nicht unbedeutend ist ferner der Nachteil des wesentlich größeren Raumbedarfes und der Zwang der aufrechten Aufstellung, der besonders umständlich bei mehrstufigen Kompressoren ist. All dies möge zur Genüge klarlegen, warum diesbezügliche Versuche mit einer Enttäuschung endigten.

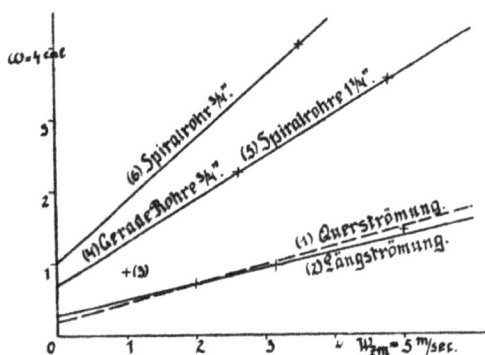

Abb. 56.

Im nachfolgenden seien einige Versuche vorgelegt, welche vielleicht genügen, um im allgemeinen die Richtigkeit der hier aufgestellten Berechnung nachzuweisen, jedenfalls aber unzureichend sind, um ein Bild über die Größe des Wertes ω für die verschiedenen Anwendungsfälle zu geben:

1. Versuch mit dem Zwischenkühler des im Kapitel II beschriebenen Versuchskompressors. Der Kühler besteht aus einem Bündel einzölliger Rohre, welches, durch Anwendung zweier Trennungswände in drei Gruppen geteilt, von der Luft der Länge nach im reinen Gegenstrom bestrichen wird. Die einzelnen Größen als Mittelwerte von sieben Ablesungen, durchgeführt mit verschiedenen Wassermengen, die von 0,15 bis 0,80 cbm Luft auf je 1 kg

Wasser wechselten, sind in Tabelle 7, Rubrik 1 bis 2, angegeben. Hiernach nimmt $\omega = f(w_{sm})$ die folgende Form an:

$$\omega = 0,27 + 0,22 \cdot w_{sm}$$

und Abb. 56 zeigt in der Linie 2 den bildlichen Zusammenhang. Kühler mit solcher Längsströmung werden von einer Anzahl Firmen gebaut.

2. Für die Beurteilung der ND.-Kühler mit Querströmung vermittelst einer Anzahl von Querwänden ist hier ein älterer Versuch von Ingersoll Rand Co. herangezogen, der an einem Normalkompressor $16 + 10 \times 14''$ ausgeführt worden ist. Dieser Versuch ergab vorerst, daß Eisen- und Messingrohre unter gleichen und ansonst üblichen Kühlwasserverhältnissen keinen Unterschied bezüglich ω aufweisen, was am besten dadurch zu erklären ist,

Tabelle 7.

		n	V_n	F	$t_s + T - t_{la}$	$\triangle t_m$	ω	w_{sm}
ND.-Kühler	1	127	13,2	12,4	80,2	36,0	0,71	2,0
	2	200	20,8	12,4	85,5	45,0	0,96	3,15
	3	185	17,0	8,1	90,0	39,0	1,45	5,0
	4	151	7,84	8,1	228,5	75,0	0,88	1,0
HD.-Kühler	5	109,5	6,52	3,93	131,5	58,0	2,25	2,62
	6	109,5	6,52	4,01	155,5	42,7	3,55	4,80
	7	109,5	6,52	3,86	137,0	34,5	4,02	3,5
	8	257	26,7	6,0	90,0	31,0		7,1

daß für die Wärmeübertragung nur der Übergang von Luft auf Metall maßgebend wird. Die ursprüngliche, jedenfalls nach bekannter Grundlage vorgenommene Berechnung der graphisch vorliegenden Ergebnisse stand nicht zur Verfügung, doch ergab eine Nachrechnung im Sinne der oben geschilderten Auffassung z. B. für die normale Drehzahl 185 je Min. die in Rubrik 3 eingeschriebenen Werte, und es deckt sich die Linie 1 der Abb. 56, den Zusammenhang $\omega = f(w_{sm})$ darstellend, fast gänzlich mit der ursprünglichen Schaulinie. Bei beiden Kühlerbauarten ist die Durchlässigkeit des Spaltes zwischen Trennungswand und Kühlermantel von Einfluß auf den Größenwert von ω, da die Luft an der Austrittstelle eine Mischung von gekühlter und durchgelassener, warmer Luft darstellt[1]).

Beide Versuche weisen übrigens in Abb. 56 kaum einen Unterschied des Wertes ω auf. Hierbei ist zu beachten, daß auch bei Anwendung von Querwänden die Luftströmung relativ zu den Rohren als eine Verbindung von Längs- und Querströmung aufzufassen ist, mit intensiver Durchwirbelung während der Querströmung, anderseits aber mit beträchtlichen, für die

---

[1]) Um die Wassergeschwindigkeit in den Kühlrohren hochzuhalten, wird das Rohrbündel gewöhnlich in 5 bis 10 und mehr Gruppen geteilt. Da nun bei der Querströmung die Luft in jedem Abteil jeweilen die kühlste und wärmste Rohrgruppe bestreicht, ist in Formel (36) für t_{ws} und t_{wa} jeweilen ihr Mittelwert zu setzen.

Kühlung verlorenen toten Ecken. Dem Vorteil hoher Geschwindigkeiten wird nur durch den hierdurch bedingten Druckverlust, welcher quadratisch mit der Geschwindigkeit anwächst, ein Halt geboten, so daß jedenfalls der Anordnung mit dem geringeren Widerstande der Vorzug zu geben ist.

3. Rubrik 4 gibt die Versuchswerte eines ND.-Kühlers mit gleichartig angeordneten Querwänden in Verbindung mit einem doppeltwirkenden Kompressor: $12 + 5 \times 14''$ bei 42 Atm. Enddruck. Der ermittelte hohe Wert der Ziffer $\omega = 0,88$ ist vielleicht dadurch zu erklären, daß die Luftschwingungen infolge des bedeutenden Volumenverhältnisses hier größer als üblich werden, ferner daß die Abkühlung der an und für sich geringen Luftmenge in Berührung mit den ausgedehnten Oberflächen der Maschine vor Eintritt in den Zwischenkühler einen wesentlichen Anteil ausmacht, während dieser in unserer Berechnung eigentlich unberücksichtigt blieb. Laut Versuchsdaten zeigte nämlich $t_{1_\bullet}$ an Stelle der hier rechnungsmäßig einzusetzenden $25 + 225 = 250^0$ C nur eine Ablesung von 130^0 C. Dies läßt erkennen, daß die Abkühlung nach außen ganz bedeutend war und sicherlich kann die auf Grund der besagten ω-Linie ermittelte Kühlerfläche F bei kleinen Abmessungen der Maschine beträchtlich verringert werden.

4. Rubrik 5 zeigt den Versuch mit dem zweiten Kühler (zwischen Stufe 2 bis 3) des im Kapitel II behandelten einfachwirkenden HD.-Kompressors, bestehend aus einem Doppelbündel gerader, von der Luft innen bestrichenen Rohre, je $16 \times \frac{3}{4}''$ l. W., welche zusammen mit den im folgenden beschriebenen zwei Spiralrohrkühlern in einem stehenden Gefäß untergebracht waren.

5. Rubrik 6 gibt die Versuchswerte des dritten Kühlers, bestehend aus einem Spiralrohr von $1\frac{1}{4}''$ l. W. und

6. Rubrik 7 die des dazugehörigen Nachkühlers aus $\frac{3}{4}''$ l. W.-Spiralrohr, berechnet auf Grund obiger Angaben. In Abb. 56 ist mangels weiterer Versuche der mutmaßliche Verlauf der bezüglichen ω-Linien für Versuch 4, 5 und 6 eingezeichnet, wobei Linie 4 und 5 zufällig zusammenfallen.

Außerdem wurden noch einige zur Verfügung stehende ältere Versuche mit ND.-Kühlern wesentlich größerer Einheiten, und zwar in der Anordnung mit Querwänden (wie Versuch 2 und 3) nachgerechnet, welche alle übereinstimmend zeigten, daß die ω-Linie grundsätzlich die gleiche Form, nur mitunter eine höhere Lage einnimmt (begründet durch die bessere Abdichtung der Trennungswände) und bisweilen in ihrer Verlängerung die Ordinatenachse ganz nahe dem Nullpunkte schneidet.

Die Betrachtung dieser verschiedenen ω-Linien veranschaulicht die unwirtschaftliche Wärmeübertragung der von der Luft außen bestrichenen Kühlrohre und führt zur Erkenntnis, die Luft auch für die so verbreiteten ND.-Kühler innerhalb der Rohre zu leiten. Die vorteilhafte Gegenstromanordnung speziell für liegende Kühler ist hier wohl nicht gut durchführbar, doch dürfte der Nachteil der sich dabei ergebenden Wasserführung vielleicht dadurch zu beheben sein, daß das Kühlwasser des ganzen Kompressors zuerst in den Zwischenkühler und von hier nach den Zylindern geleitet wird, um auf diese Art die mittlere Wassertemperatur niedrig zu halten.

Abb. 57 zeigt die bauliche Lösung eines solchen Kühlers, der für den besagten Versuchskompressor entworfen wurde, dessen Größenwerte in Rubrik 8 der Tabelle 7 angegeben sind. Da der Druckverlust der Luftströmung durch den Kühler infolge der Wahl so einfacher Querschnitte jedenfalls gering bleibt, ist eine größere Durchgangsgeschwindigkeit zulässig, der eine höhere

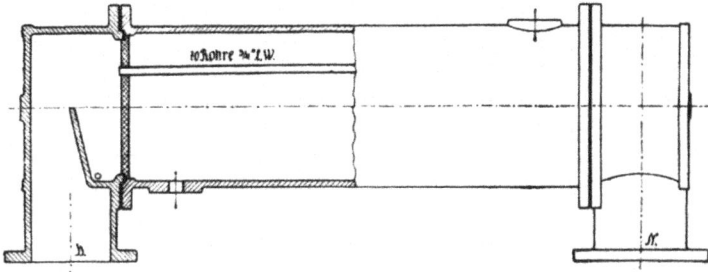

Abb. 57.

Wärmeübertragung entspricht. Die in diesem Fall angenommene Geschwindigkeit $w_{sm} = 7{,}1$ m/sec erfordert an Hand der Formel (37) ein $\omega = 3{,}88$, während Linie 4 der Abb. 56 hierfür einen um wenigstens 25 v. H. höheren Wert zulassen würde. Durch entsprechende Wahl der Rohre kann das Verhältnis von Durchmesser zur Länge des Kühlermantels beliebig verändert und dadurch das Anpassungsvermögen erhöht werden, auch wird die eingangs erwähnte Berücksichtigung der verschiedenen Wärmedehnung von Mantel und Rohr hier überflüssig, ebenso ist die daselbst beanstandete Durchlässigkeit der Trennungswände beseitigt. In bezug auf Raumbedarf, Gewicht und Herstellkosten dürfte diese Anordnung[1] jedenfalls eine Verbesserung darstellen.

---

[1] Bisher noch nicht ausgeführt.

X.

Anhang.

Die hier an Ventilen im besonderen und an Kompressoren im allgemeinen gemachten Verbesserungen können in sinngemäßer Abänderung auch bei der inneren Ausbildung unserer Dampf- und Verbrennungsmaschinen verwertet werden, in der Absicht, ihre Leistungsfähigkeit und Wirtschaftlichkeit zu vergrößern, und die geschilderte Untersuchungsmethode gibt einen Anhaltspunkt, die einzelnen Verluste zu ermitteln bzw. den Vergleich zweier Anordnungen zahlenmäßig zu belegen. Ein solches Beginnen hatte Verfasser schon 1906 vorgehabt, um mit Hilfe von Diagrammen und genauen Verbrauchsversuchen die gesamten Verluste einer Maschine zu zergliedern und so Klarheit zu verschaffen, wo Verbesserungen am besten anzustreben und bis zu welchem Grade diese praktisch ausführbar sind. Das hier Gesagte gilt natürlich auch für unsere Kolbenwasserpumpen.

Die Studien über die Strömungsvorgänge in den Spaltöffnungen, besonders mit Rücksicht auf den Einfluß der Verbindungsstege, veranlaßte z. B., angeregt durch die deutschen Ferngeschütze, einen Versuch mit verschieden ausgebildeten Geschoßendteilen. Die Vornahme des Versuches selbst erfolgte eigentlich durch die Umkehrung der tatsächlichen Verhältnisse, im übrigen in der Anordnung der Abb. 7, indem durch ein poliertes Rohr von 300 mm l. W. mit gleichachsig befestigtem Geschoß von 75 mm ä. Durchm. ein Luftstrom mit einer Geschwindigkeit bis zu 100 m/sec geleitet und der Wert $(1 + \xi)$ für das Geschoßende allein (nach Abzug der übrigen Widerstände) mit Hilfe der Formel (9) ermittelt wurde. Es zeigte sich, daß ξ für das scharf abgeflachte Ende ungefähr doppelt so groß ist wie für das Ende mit guter Abrundung und ungefähr dreimal größer ausfällt als für das Ende mit einer 60gradigen Zuspitzung. Dies Ergebnis würde daher auch den Geschossen eine den Torpedos und Luftschiffen ähnliche Formgebung zuweisen, sofern Entfernung allein Hauptbestreben wird.

www.ingramcontent.com/pod-product-compliance
Lightning Source LLC
Chambersburg PA
CBHW081230190326
41458CB00016B/5737